ATLAS DER FIKTIVEN ORTE

Utopia, Camelot
und Mittelerde

Werner Nell

ATLAS DER FIKTIVEN ORTE

Utopia, Camelot und Mittelerde
Eine Entdeckungsreise
zu erfundenen Schauplätzen

Mit Illustrationen
von Steffen Hendel

Meyers

Autor

Literarischer Weltenbummler, Soziologe und Komparatist, lehrt in Halle und an der kanadischen Queen's University. Er lebt mit seiner Familie in Rheinhessen.

Illustrator

Absolvierte die Kunsthochschule Halle Burg Giebichenstein, seither ortlose Selbstständigenexistenz u. a. als Dozent, Grafiker, Bäcker, Kellner und Literaturwissenschaftler.

Bibliografische Information der Deutschen Nationalbibliothek
Die Deutsche Nationalbibliothek verzeichnet diese Publikation in der Deutschen Nationalbibliografie; detaillierte bibliografische Daten sind im Internet über http://dnb.d-nb.de abrufbar.

Bibliographisches Institut GmbH
Dudenstraße 6, 68167 Mannheim

Printed in Germany

ISBN 978-3-411-08387-9

Auch als E-Book erhältlich unter:
978-3-411-90340-5

Projektleitung: Ulrike Emrich
Herstellung: Judith Diemer

Umschlagabbildung: Steffen Hendel, Mittelerde
Umschlaggestaltung: Büroecco, Augsburg
Satz: Dörlemann Satz GmbH & Co. KG, Lemförde
Druck und Bindung: Firmengruppe APPL, Senefelderstraße 3–11, 86650 Wemding

www.meyers.de

Inhalt

Inhalt

Wozu ein Atlas der fiktiven Orte?

Die Karte mit all den fiktiven Orten, die in diesem Atlas beschrieben werden, entspricht der Landschaft unserer Einbildungskraft. Jeder weiß aus eigener Erfahrung, dass sich Zeiten lang machen und Räume in ihren Konturen verschwimmen können. Schon ein Abend bei Kerzenlicht und romantischer Musik ruft Bilder und Gefühle hervor, die sich nur noch ansatzweise benennen und einen Tisch fern oder eine exotische Landschaft nah erscheinen lassen. Wenn im Frühling oder Herbst der Einfallswinkel des Sonnenlichts flach genug ausfällt, eröffnen sich am Horizont Gebirge und Flusslandschaften, Seenplatten und Wolkenlücken, aus denen ein »himmlisches« Licht erstrahlt. Trifft es auf einen See, einen Turm oder ein Waldstück, entstehen neue, traumhaft schöne Panoramen. Doch egal wie schön es ist, in solchen Traumlandschaften zu versinken, für uns Menschen bleibt es lebensnotwendig, zwischen Orten der realen Welt und Erscheinungen der Einbildungskraft zu unterscheiden. Offensichtlich ist aber, dass die Attraktivität der Beschäftigung mit solchen Scheinwelten nahezu so alt ist wie die Menschheit selbst.

Begrenzt werden die fiktiven Welten von menschlichem Vorstellungsvermögen auf der einen Seite und dem technisch Machbaren auf der anderen. Fantastische Übersteigerung steht neben mathematisch präziser Berechnung, religiöse Weihe neben natürlicher Erhabenheit, karnevalesker Spaß neben ritterlicher oder tragischer Gesinnung. Der Anteil der Kreativität beim Entwurf solcher Welten wechselt; mitunter wird sie als Ausdruck einer gottgegebenen Vernunft, mitunter als Beispiel einer dem Menschen gegebenen Planungskraft, als Hinweis auf poetischen Wahnsinn oder kritische Reflexionsfähigkeit gesehen.

Dass Sehen und Schauen nicht dasselbe bedeuten, wusste schon Goethes Türmer Lynkeus in »Faust II«. Der vielzitierte Vers »Zum Sehen geboren, zum Schauen bestellt« macht darauf aufmerksam, dass es immer Sinnerwartungen sind, mit denen wir die Welt in Augenschein nehmen. Ja, dass die Dinge selbst für uns Menschen nur insoweit vorhanden sind, als sie uns etwas bedeuten (können) – im Guten wie im Schlechten. Dementsprechend waren es nicht nur Kartografen und Mathematiker, Vermessungsingenieure und Straßenbauer, die sich mit der Anordnung von Plätzen in Räumen und mit der Ausgestaltung von Räumen zu Landschaften beschäftigten. Vielmehr waren es auch Maler und Schriftsteller, Philosophen und religiöse Denker, denen ein Garten Eden, eine Stadt Gottes oder eine Höllenlandschaft, ein Feuerschlund oder auch – wie bei Platon – eine Höhle vor Augen stand, wenn es darum ging, die Stellung des Menschen in der Welt zu beschreiben.

Wozu ein Atlas der fiktiven Orte

Wer im Internet zum Stichwort »fiktive Orte« recherchiert, kommt auf eine interessante Spur: Fiktive Orte fallen im »World Wide Web« in den Arbeitsbereich der »Weltenbastler«. Damit sind jene Designer und Programmierer gemeint, die für Computerspiele Kulissen und Baupläne, Stadtlandschaften und Höhlengebilde bauen, in denen dann auch Ego-Shooter ihr Wesen beziehungsweise Unwesen treiben können.

Auch wer in einem Atlas der fiktiven Orte stöbert, also Landkarten betrachtet und Geschichten liest, die sich auf Orte und Zeiten, Menschen und andere Wesen beziehen, von denen wir sicher sind, dass sie nicht existieren, geht mitunter auf die Suche nach Alternativen.

Alle in diesem Buch gezeigten und geschilderten Orte erzählen selbst wiederum Geschichten, in die wir uns zuweilen ebenso hineinträumen können wie in Wolkenbilder am Himmel oder jene Landschaften, die zwischen Tag und Dämmerung unsere Aufmerksamkeit für zumindest einen Augenblick bannen können. Lassen Sie sich mitnehmen an die Orte der Fantasie ...

Werner Nell — August 2011

Ardistan und Dschinnistan

Ein deutscher Traum vom Orient

Land/Ort	Lage	Größe	Bevölkerung	Wichtigste Stadt	Weitere Orte	Sehenswürdigkeiten
Ardistan und Dschinnistan	Zwei einander benachbarte und doch sehr gegensätzliche Reiche, entweder im Orient oder auf dem Stern Sitara	Nach dem Vorbild einiger kleinerer mittelasiatischer Länder zwischen 30000 km² und 80000 km²	Nomaden und andere Wüstenbewohner Mönche Beamte Soldaten Perlenfischer Bauern	Ard	Die Stadt der Toten Ikbal, die Hauptstadt Sitaras	Land El Hadd Fluss Ssul Maha-Lama-See Ruinen zwischen Ard und der Stadt der Toten Landenge El Chátar

Sicherlich war Karl May nicht der Einzige, der um 1900 in Europa von einem Reich des Friedens und der Weisheit träumte und dazu den Blick nach Osten richtete. Beeinflusst durch den Philosophen Arthur Schopenhauer und nicht zuletzt durch die politischen Entwicklungen (Russisch-Japanischer Krieg, Boxer-Aufstand) und deren publizistische Bearbeitung angeregt, waren Indien und China um 1900 ins Zentrum der europäischen Debatten um Kultur und Kulturverfall, um die Grenzen der Moderne und die Suche nach Auswegen aus ihr getreten. Es ging dabei um spirituelle Anregungen und Hilfen zur Lebensführung, aber auch um Wege zur Erleuchtung, um mystische Erfahrungen und um Reisen ins Land der Fantasie, auf denen Träume ausgemalt werden konnten, die in der Realität der Gegenwart keinen Platz fanden.

Autoren wie der österreichische Essayist, Übersetzer und Kulturphilosoph Rudolf Kassner oder der mit dem 1912 erschienenen Buch »Die Biene Maja und ihre Abenteuer« weltberühmt gewordene Waldemar Bonsels und auch Hermann Hesse hatten sich dabei ebenso wie Karl May einem Bild des Ostens zugewandt, in dem historische und religiöse Überlieferungen mit abendländischen Bildungsvorstellungen und romantischen Erwartungen eine faszinierende Verbindung eingingen. Dass dabei nicht genau zwischen arabischem und »fernem« Orient unterschieden wurde, sich Vorstel-

AUTOR

Karl May

Abenteuerschriftsteller und Verfasser weitgehend fiktiver Reiseromane

* 25. 2. 1842 Ernstthal

† 30. 3. 1912 Radebeul bei Dresden

für viele zwischen 1890 und 1960 geborene Jugendliche eine Sozialisationsinstanz

lungen aus der Welt von »Tausendundeiner Nacht« mit Mythen und Märchenstoffen verbanden, machte die Geschichten nur um so farbiger, steigerte sogar für diejenigen, die sich »einweihen« lassen wollten, deren Attraktivität. Auch fand die Orientbegeisterung des 18. und frühen 19. Jahrhunderts darin ihre Fortsetzung, dass nicht deutlich zwischen arabischen und asiatischen, islamischen, buddhistischen oder hinduistischen Traditionen unterschieden wurde. Vielmehr bildeten sich auch hier Mischungen heraus, die vor allem den Sinn- und Erlebnisbedürfnissen eines europäischen Publikums Rechnung trugen.

Karl May hatte schon in seinen im Wilden Westen oder in der arabischen, osmanischen Welt des ausgehenden 19. Jahrhunderts spielenden Abenteuererzählungen immer auch deutschen Bildungsidealen, bestimmten christlich geprägten Wertvorstellungen und nicht zuletzt deutscher Gemütlichkeit und deutschem Biedersinn eine besondere Rolle eingeräumt. Nunmehr versuchte er in seinem Spätwerk, ohne ganz auf Abenteuer, Intrigen und Kampfgetümmel zu verzichten, etwas deutlicher den Bildungs- und Erlösungsvorstellungen einen Raum zu geben. Hierfür schuf er sich mit den Ländern Sitaras eine eigene Welt, aus der in seinen letzten Schriften sogar ein eigener Stern wurde, der freilich zugleich eine weitere Erde darstellen sollte.

Werk (Auswahl)

Originaltitel

Orientzyklus (6 Bde; »Durch die Wüste«, »Durchs wilde Kurdistan«, »Von Bagdad nach Stambul«, »In den Schluchten des Balkan«, »Durch das Land der Skipetaren«, »Der Schut«; alle 1892)
Winnetou I–III (1893)
Der Ölprinz (1893/94)
Am Rio de la Plata (1894)
In den Kordilleren (1894)
Old Surehand I–III (1894–96)
Im Lande des Mahdi I–III (1896)
Im Reiche des silbernen Löwen I–II (1898)
Ardistan und Dschinnistan I–II (1909)

Verfilmungen

1936 Durch die Wüste (Regie: Johann Alexander Hübler-Kahla)
1958 Die Sklavenkarawane (Regie: Georg Marischka)
1962 Der Schatz im Silbersee (Regie: Harald Reinl)
Mit »Der Schuh des Manitu«, einer Parodie auf die Karl-May-Filme der 1960er-Jahre, gelang dem Komiker und Regisseur Michael »Bully« Herbig im Jahr 2001 einer der größten Erfolge in der deutschen Kinogeschichte.

Erlösung aus dem Osten

Im Titel des 1909 erschienenen zweibändigen Romanwerks werden nur die beiden Hauptreiche Ardistan und Dschinnistan genannt, deren Konflikte und Entwicklung auch im Mittelpunkt der Entwicklungs-, Bildungs- und Erlösungsgeschichte stehen, die Karl May erzählen will. Tatsächlich handelt es sich um eine ganze Ländergruppe, die um die Landschaft El Hadd angesiedelt ist und zu der neben den genannten auch noch die Länder Ussulistan, Dschunubistan, Gharbistan, Scharkistan, Schimalistan und Tschobanistan gehören. Wichtig ist dabei die Anordnung der Länder und Landschaften in der Vertikalen, denn der Weg der Reisenden und somit auch der Weg der Erlösung geht von Unten nach Oben, von einer irdischen, ja unterirdischen Wildnis, einer Welt der Triebe und Begierden hin zu einem Reich der Geister (arabisch Dschin) und der Geistigkeit, der Läuterung und Erlösung. Dazu sind natürlich Kämpfe zu bestehen und Intrigen zu überstehen, nicht zuletzt muss die Schuld der Vorfahren gesühnt, der Bann der Vergangenheit aufgehoben werden; von ferne erinnert der Aufbau der Reise sogar an Dantes »Göttliche Komödie«. Zunächst aber werden Kara Ben Nemsi, das Alter Ego Karl Mays in seinen orientalischen Erzählungen, und sein ebenfalls wohlbekannter Diener Hadschi Halef Omar im Auftrag der uralten weisen mystischen Priesterin und Königin Marah Durimeh, die in verschiedenen, zum Teil sehr weltlichen

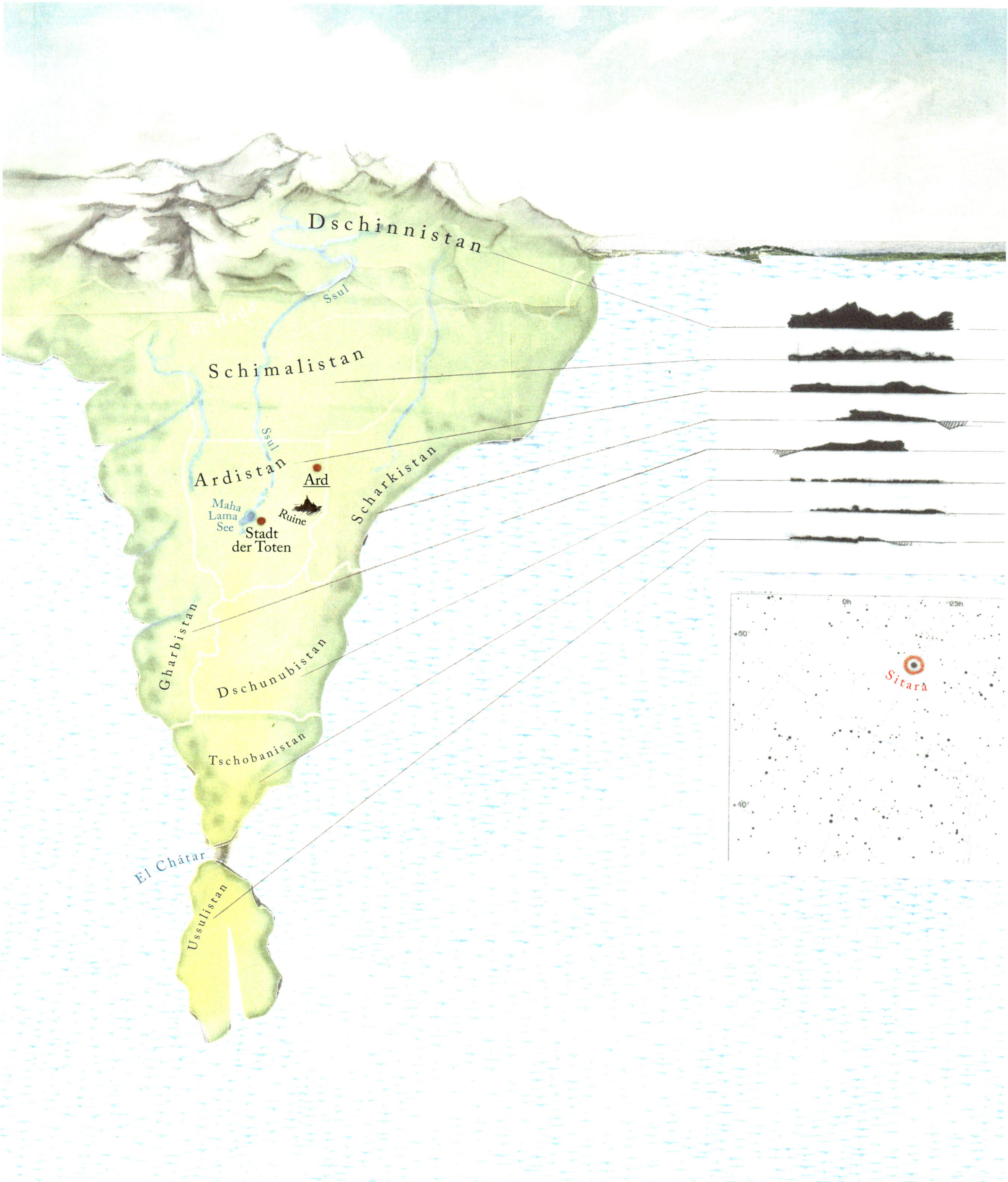

Dschinnistan
Ssul
Schimalistan
Ssul
Ardistan
Ard
Maha
Lama
See
Ruine
Stadt
der Toten
Scharkistan
Gharbistan
Dschunubistan
Tschobanistan
El Chátar
Ussulistan
0h
23h
+50°
+40°
Sitara

Funktionen auch schon in den früheren im Raum des Osmanischen Reiches spielenden Abenteuergeschichten auftritt, und die ursprünglich kurdischer Herkunft war, auf die Reise nach Dschinnistan geschickt, um einen dort drohenden Krieg mit Ardistan zu verhindern.

Da es in der Geschichte nicht nur um Frieden und Selbstverbesserung geht, sondern auch um einen Weg durch die Kulturstufen der Menschheitsentwicklung, reisen die beiden von Ikbal, der Residenz Marah Durimehs und gleichzeitig Hauptstadt Sitaras, zunächst nach Ussulistan. Dort treffen sie auf Menschen, die im Naturzustand leben, aber eben wie andere »edle Wilde« neben ihrer Rohheit auch noch die Befähigung zum Guten in sich tragen. Der weitere Weg führt sie nach Norden, nach Oben, wobei sie zunächst in die Sphäre früher Zivilisation eintreten. In Tschobanistan treffen sie auf die Tschoban, kriegerische Nomaden, die unter der Herrschaft des zunächst als Bösewicht in Erscheinung tretenden, weltlicher Macht zugetanen Mirs von Ardistan stehen, dem sie tributpflichtig sind. Schon deshalb sind sie selbst in Auseinandersetzungen mit ihren Nachbarvölkern verwickelt. Tatsächlich erweist sich der Mir von Dschinnistan im weiteren Verlauf der Geschichte allerdings nicht so sehr als böse, vielmehr als ein Gefangener in der Schuld und im Bann der eigenen Vorfahren, der zudem dem schlechten Einfluss einer Priesterkaste ausgesetzt ist. Auch wenn für Karl May in dieser Schilderung allegorische Verweise, das sich Freimachen von weltlichen, vor allem materiellen Einflüssen im Vordergrund steht, lassen sich doch auch Motive erkennen, die sich schon in der Unterhaltungsliteratur der Spätaufklärung finden. So zum Beispiel das Bild eines schwachen Fürsten auf der Suche nach rechten Freunden und Erziehern, der, um dabei erfolgreich zu sein, erst einmal von bösen Priestern und anderen schlechten Einflüssen befreit werden muss.

Anders aber als in der Spätaufklärung kommt die Wende hier nicht durch äußere Regulierungen oder kluge Bürgerlichkeit, sondern durch ein mystisches Erweckungserlebnis. Orientalische, christliche und andere mystische Symbole mischen sich hier, und auch der Stern von Bethlehem beginnt erneut zu leuchten. In der Folge kann sich der Mir bei einem Besuch in der Stadt der Toten von den Vergehen seiner Ahnen lossagen und nunmehr mithilfe jener geistigen Anlagen, die der »gute« Mir von Dschinnistan schon länger für ihn bereithält, auch selbst ein guter Herrscher werden. Seine erste Bewährungsprobe besteht er bei einem Angriff böser Wilder unter der Führung eines Nomadenscheichs. Mithilfe der aus dem Geisterreich gesandten Krieger können sie besiegt werden. Symbol, Medium und Grundlage dieser neu einsetzenden Harmonie zwischen den Ländern, aber auch zwischen den unterschiedlichen Kräften im einzelnen Menschen und in der Menschheit im Ganzen, ist das Wasser des Flusses Ssul, das nunmehr erneut zu fließen beginnt und damit auch eine der populärsten Metaphern in der Lebensphilosophie der Jahrhundertwende wieder aufnimmt.

Karl-May-Museum
Seit 1928 gibt es in der »Villa Bärenfett« in Radebeul ein Karl-May-Museum; seit 1985 gehört auch Karl Mays Wohnhaus »Villa Shatterhand« dazu; Karl Mays Geburtshaus in Hohenstein-Ernstthal steht inzwischen unter Denkmalschutz.

Karl-May-Gesellschaft
Die 1969 gegründete Karl-May-Gesellschaft widmet sich der Erforschung und Pflege seines Werks und gilt als eine der größten literarischen Gesellschaften in Deutschland.

Atlantis
Insel unter dem Meer

Land/Ort	Lage	Größe	Bevölkerung	Wichtigste Stadt	Weitere Orte	Sehenswürdigkeiten
Atlantis	Insel bzw. Inselgruppe, vermutlich im Atlantischen Ozean	Circa 533 km × 355 km, etwa so groß wie die zu Indonesien zählende Insel Sulawesi	Kinder des Poseidon und die ihrer Verbindung mit Menschen entsprungenen Nachkommen Seefahrer Krieger Bauern	Atlantis (Stadt)	Stützpunkte in Europa und Nordafrika Thule Ostseehafen Vineta	Steilküste Häfen Sportanlagen

Noch die Futurologie am Ende der 1960er-Jahre, der zu dieser Zeit als wissenschaftlicher Erforschung der Zukunft eine große Bedeutung vorausgesagt wurde, war fasziniert von der Vorstellung eines Lebens unter dem Meer. Herman Kahn, einer der führenden Köpfe dieser Prognosewelt, hielt es für sehr wahrscheinlich, dass bis zum Jahr 2000 Unterwasserplantagen und Unterwasserkolonien die Lebensweise der Menschen nachhaltig prägen könnten. Offensichtlich stellt die Vorstellung einer Stadt, einer Insel unter Wasser ein seit Urzeiten vorhandenes Motiv der menschlichen Fantasie dar, das in Märchen und Mythen, später in literarischen und bildlichen Darstellungen und heute im Film, als Videoclip und Computerspiel unsere Vorstellungskraft anregt.

Dabei spielen Idealbilder einer wohlgeordneten Stadt und eines fantastischen Lebens auf dem Meeresboden ebenso eine Rolle wie Katastrophenszenarien vom Untergang, von der Bestrafung ganzer Städte und Landschaften, denen im Einzelfall auch historische Begebenheiten und erschreckende Untergangserfahrungen zugrunde gelegen haben können, man denke nur an die Erdbeben und Tsunamis der letzten Jahrzehnte. Für die Geschichte und die Darstellung der Stadt und des Landes von Atlantis spielt bis heute freilich auch eine Rolle, dass sowohl die Geschichte ihrer Überlieferung als auch die Frage, was sie bedeutet, äußerst umstritten geblieben sind.

AUTOR

Platon
griechischer Philosoph und zeitweiliger Politikberater
* 428/27 v. Chr. Athen oder Ägina
† 348/47 Athen
Schüler des Sokrates und Lehrer des Aristoteles

WERK

Der Staat (Politeia)
Kritias
Timaios
Die Gesetze (Nomoi)

Atlantis und Athen

Filme

Ein erster Film mit dem Titel »Atlantis« wurde wohl 1913 von dem dänischen Filmregisseur August Blom nach dem gleichnamigen Roman (1912) von Gerhart Hauptmann gedreht; dort geht es aber weniger um einen versunkenen Kontinent als vielmehr um den Umgang mit Leidenschaften und Enttäuschungen in Liebesdingen, die auf einer Seereise mit Schiffbruch erlebt werden. 2001 erschien der Disney-Film »Atlantis – Das Geheimnis der verlorenen Stadt«.

Platon, der für die abendländische Welt als Erster über Atlantis berichtet, tut dies an einer Stelle, über deren Funktion auch heute noch verschiedene Meinungen bestehen. Zum einen geht es wohl darum, seine in der Schrift »Politeia« (Der Staat) dargelegten Vorstellungen von einer idealen Staatsorganisation mit einem praktischen Beispiel zu veranschaulichen. Deshalb lässt er seinen Sprecher Kritias eine Geschichte erzählen, die dieser von seinen Vorfahren gehört haben will und die ursprünglich aus Ägypten nach Griechenland gebracht worden sei. Atlantis wird hier als ein Inselstaat beschrieben, der jenseits der Säulen des Herkules, also aus griechischer Perspektive jenseits von Gibraltar, in dem dann nach ihm benannten Atlantischen Ozean gelegen habe. Es sei ein außerordentlich gut organisierter, wohlhabender Staat gewesen, dessen Macht sich über weite Teile Nordafrikas, aber auch auf die nördlich des Mittelmeeres liegenden europäischen Länder erstreckt habe. Seine größte Machtentfaltung habe er wohl kurz vor seinem Untergang gehabt, der auf das Jahr 9560 v. Chr. datiert wurde.

Damit kommt eine zweite Bedeutungsebene ins Spiel. Denn, so wird es in Platons Texten geschildert, der letzte und bedeutendste Gegner dieses mächtigen Atlantis, das seine Macht nicht zuletzt seiner Armee und seiner Kriegsflotte zu verdanken hatte, war das »alte Athen«. Dieses Athen soll bereits vor der Gründung der späteren Stadt Athen bestanden haben. Es soll eine Bauerngesellschaft gewesen sein, die über nur wenige, dafür aber um so tapferere Krieger verfügt habe und der es deshalb gelungen sei, das übermächtige Atlantis bei seinem Versuch, auch Athen zu erobern, zurückzuschlagen. Ob Platon diese Geschichte an dieser Stelle einsetzt, um den altersmäßigen Vorrang vor den Ägyptern klarzustellen oder um seine Zeitgenossen in kritischer Absicht auf die alten Tugenden hinzuweisen, ist umstritten. Aber noch bevor der Krieg beendet war, habe eine Flut, verbunden mit einem Erdbeben, Atlantis im Meer versinken lassen, und auch die meisten Athener, zumal die führenden Schichten, seien dabei ums Leben gekommen, sodass mit diesem Ereignis auch die Erinnerung an die einstige Größe und Tapferkeit Athens verloren gegangen sei.

In dieser zweiten Lesart hat Atlantis dann die Funktion, als Gegenspielerin Athens sowohl dessen Größe und Stärke zu belegen, als auch selbst als Beispiel für einen Untergang aus eigenem Übermut aufzutreten. Schließlich hat Platon möglicherweise mit der Überlieferung der Geschichte von Atlantis auch einfach den Versuch unternommen, der Geschichte seiner Stadt, aber auch seinen Vorstellungen vom Idealstaat, eine zumindest historisch glaubhafte Vorgeschichte zu geben. In diesem Fall, und dies hat Historiker, Mythenforscher und Hobbyarchäologen bis heute auf Trab gehalten, könnte es dann auch möglich sein, eine historische Vorlage für den Untergang von Atlantis zu finden.

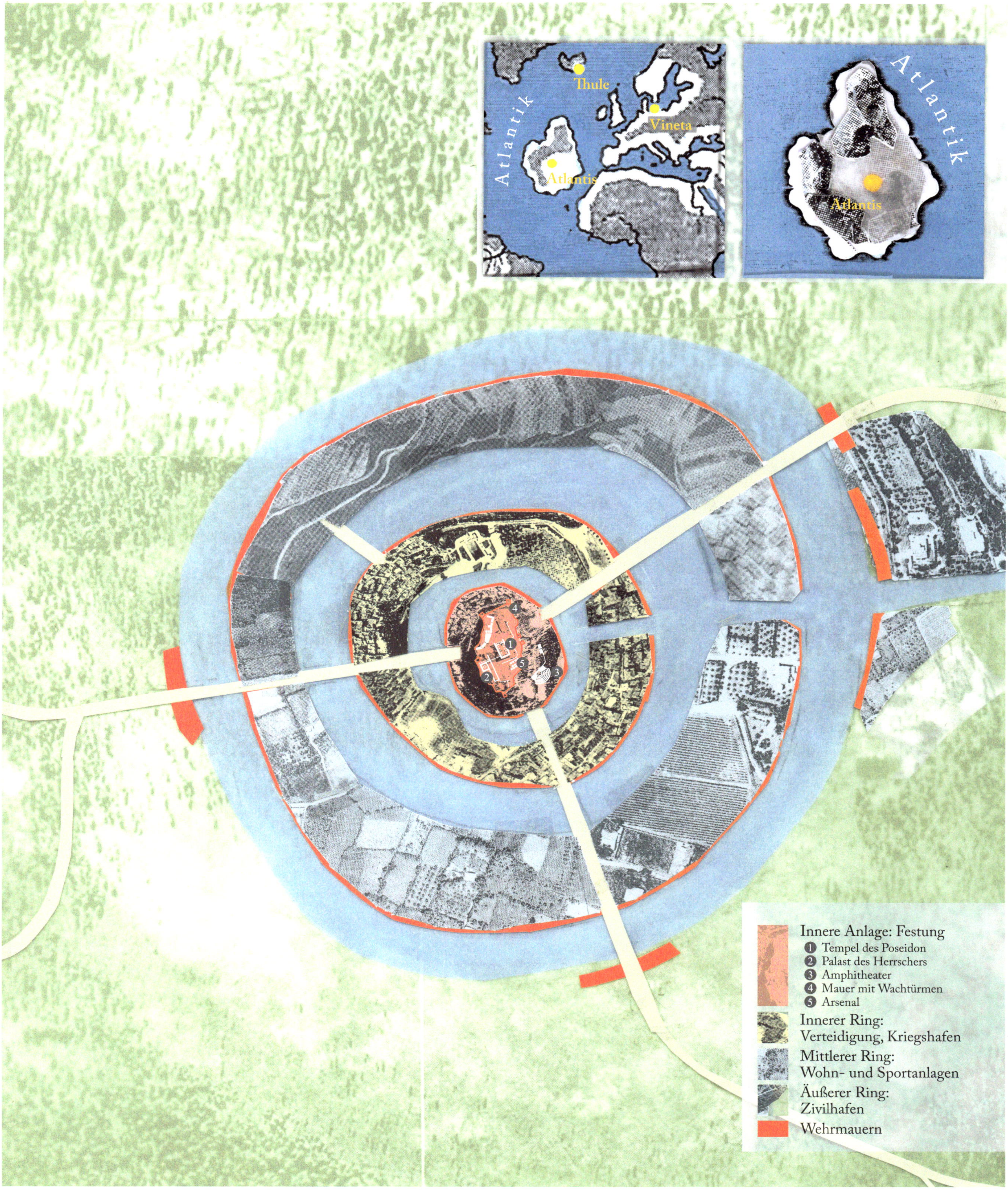
Atlantik
Thule
Vineta
Atlantis
Atlantik
Atlantis
Innere Anlage: Festung
1 Tempel des Poseidon
2 Palast des Herrschers
3 Amphitheater
4 Mauer mit Wachtürmen
5 Arsenal
Innerer Ring:
Verteidigung, Kriegshafen
Mittlerer Ring:
Wohn- und Sportanlagen
Äußerer Ring:
Zivilhafen
Wehrmauern

Die Musterstadt

Atlantis lag entweder auf einer eigenen Insel oder aber im Mittelpunkt einer größeren Insel, zu der wiederum andere Inselreiche gehörten. Auf einem Hochplateau, das von hohen Bergen umgeben und geschützt wird, ist sie in konzentrischen Kreisen angeordnet, zu deren äußerem Kreis eine Stadtmauer mit drei Ringen und Wachtürmen gehört. Nach innen folgen abwechselnd Wasser und Landringe, zunächst also ein ebenfalls ringförmig angeordneter Handelshafen, dann ein Ring mit Wohngebäuden für Bürger und Soldaten sowie Sportanlagen, ein weiterer Wasserring, der Kriegshafen, der wie der Handelshafen durch einen gradlinig gezogenen Kanal mit dem Meer verbunden ist, schließlich – erneut noch einmal von einem Wassergraben umgeben – eine Festung: der innerste Bereich der Stadt, der aus dem Herrscherpalast und einem Tempel für den Vater und Schutzgott der Stadt, Poseidon, bestand. Poseidon selbst, eben der Gott jenes Meeres, das dann auch seine Nachkommen, über deren Verderbnis er möglicherweise erzürnt war, vernichtete, soll dort als Lenker eines sechsspännigen Streitwagens gezeigt worden sein.

Fluxus

Der deutsche Aktionskünstler Joseph Beuys (* 1921, †1986) führte 1964/1965 drei Atlantis-Aktionen im Rahmen des von ihm und anderen vertretenen Fluxus-Konzepts durch.

Als Musterstadt, aber auch als moralisches Beispiel für die Bestrafung von Übermut und Machtmissbrauch, ist Atlantis schon in der Antike und dann, nach der Wiederentdeckung der platonischen Texte in der Renaissance, immer wieder neu interpretiert, nachgeahmt und diskutiert worden. Neben der wissenschaftlichen, auf empirische Befunde ausgerichteten Forschung hat der Atlantis-Mythos aber auch in den hermetischen und später esoterischen Denkrichtungen und Schulen seit der frühen Neuzeit eine wichtige Stelle eingenommen, die sich auch in der heutigen Esoterik wiederfinden lässt. Insbesondere hat schon für die Zeitgenossen die Entdeckung Amerikas eine wichtige Rolle gespielt, da die dort aufgefundenen Inseln und Küsten auch als Überreste des verloren gegangenen Atlantis gesehen werden konnten. Die Vorstellung einer Musterstadt hat aber seitdem auch immer wieder Philosophen und Sozialkritiker angesprochen.

Neben Thomas Morus, der seiner Beschreibung einer Musterstadt im Jahr 1516 den Kunstnamen »Utopia« gab und damit die Gattung der Utopien begründete, sind vor allem die »Sonnenstadt« (»La città del sole«, geschrieben 1602) des italienischen Mönches Tommaso Campanella zu nennen, die in ihrem Aufbau ganz der Form von Atlantis entspricht, sowie die 1624 von dem englischen Philosophen und Staatsmann Francis Bacon verfasste Schrift »Nova Atlantis«, in der dieser eine wohlgeordnete Stadt mit reich entwickelten und nach Fächergruppen sortierten Forschungseinrichtungen beschreibt.

Während Campanella sein »Atlantis« im heutigen Sri Lanka ansiedelt, stellt Bacon Nova Atlantis als eine Südseeinsel dar. In späterer Zeit war es dem schwedischen

Gelehrten Olof Rudbeck dem Älteren vorbehalten, am Ende des 17. Jahrhunderts das »wahre Atlantis« in Skandinavien zu behaupten und hieran eine ganze Geschichte vermeintlich »nordischer« Überlieferungen festzumachen. Er glaubte zeigen zu können, dass Schweden das wahre Atlantis gewesen sei, von dem auch Platon gesprochen habe. Bereits kurz nach der Sintflut habe sich Gomer, ein Sohn Japhets und damit der Enkel Noahs, in Schweden angesiedelt, weil es dort die meisten Fische gab und Fische damals die bevorzugte Nahrung gewesen seien. Auch seien die Frauen dort besonders fruchtbar gewesen. Nicht nur dies, nach Rudbecks Einsichten wurden in dieser Zeit in Schweden auch die Schrift und die Astronomie erfunden. Allerdings war Rudbeck nicht der Einzige, der auf der Suche nach nationalstaatlichen Legitimationserzählungen war und der nach eigenem Bekunden auch fündig wurde.

Die Suche nach Atlantis und seiner Bedeutung hat freilich seitdem nicht nur Wissenschaftler und Abenteurer beschäftigt, sondern sie spielt auch – bis in die Gegenwart hinein – für verschiedene Lebenslehren und Weltanschauungen, nicht zuletzt in der Unterhaltungsindustrie und in der Populärkultur, eine immer wieder attraktive Rolle. Auch esoterische Strömungen, okkulte Bewegungen und Pseudowissenschaften nutzen noch aktuell die Geschichte von der untergegangenen Stadt und die davon ausgehende Faszination für ihre Zwecke. Für den romantischen Dichter E. T. A. Hoffmann, aber auch für den französischen Begründer der Science-Fiction-Literatur, Jules Verne, und für Arthur Conan Doyle – den Vater von Sherlock Holmes und Dr. Watson – bot der Rückbezug auf Atlantis zumindest den Anlass, eine spannende Geschichte zu erzählen, wobei Faszination und Schrecken der damit verbundenen Vorstellungen von der Pracht der Stadt und der Katastrophe ihres Untergangs gleichermaßen zur Sprache kommen können.

Computerspiel

Im Rahmen des 1992 veröffentlichten PC-Spiels »Indiana Jones and the Fate of Atlantis« begibt sich der Archäologe Indiana Jones selbst auf die Suche nach Atlantis.

Auenland
Das Reich der Hobbits

Land/Ort	Lage	Größe	Bevölkerung	Wichtigste Stadt	Weitere Orte	Sehenswürdigkeiten
Auenland	Hügelland im Nordwesten von Mittelerde gelegen	200 km × 250 km, ungefähr so groß wie Niedersachsen	Hobbits, kleine menschenähnliche Zwerge, die etwa einen Meter groß sind	Michelbinge	Hobbingen Wasserau Stock Tuckbergen (auch Buckelstadt)	Brandyweinbrücke Bockenburger Fähre Gasthaus Der Grüne Drache in Wasserau Wohnhöhle Brandygut

AUTOR
J.R.R. (John Ronald Reuel) Tolkien
englischer Philologe und Schriftsteller
* 3.1.1892 Bloemfontein, heute Südafrika
† 2.9.1973 Bournemouth, England
Kultautor der Fantasy-Literatur

Schon der Name »Auenland«, von dem J. R. R. Tolkien in seinem Roman-Epos »Der Herr der Ringe« und in weiteren seiner Geschichten erzählt, lädt uns in eine Kinder- und Traumwelt ein, in der sanfte Winde, eine fruchtbare Landschaft und lebenslustige Bewohner uns erwarten. Hier leben die kaum einen Meter großen Hobbits. Sie sind nett und einigermaßen herzlich, schön oder attraktiv sind sie nicht. Ein bisschen sehen sie wie Plüschtiere aus, mit haarigen Beinen und Füßen, rotwangigen Pausbacken und puppenhaften Kindern und Frauen. Sechs Malzeiten am Tag sind die Regel, und so neigen sie ein wenig zur Dicklichkeit, auch zur Trägheit. Sie entsprechen mit ihrem gutwilligen, zufriedenen und frohgemuten Charakter ganz der Landschaft, in der sie leben. Es handelt sich um eine Hügellandschaft, in der sich Felder und Wälder abwechseln, Flüsse genügend Wasser bieten und die Böden so fruchtbar sind, dass sie den Landesbewohnern nicht nur ein gutes Leben sichern, sondern ihnen, wenn sie nicht gerade von Kriegen oder Besatzung bedroht sind, sogar Wohlstand und Sicherheit versprechen können. Diesem wohlgefälligen, durchaus paradiesähnlichen Charakter der Landschaft entsprechen nicht nur die ausgeglichenen und fröhlichen Charakterzüge der Hobbits, sondern auch – mehr noch als im englischen Original – die glückliche Wahl des Namens in der deutschen Übersetzung: handelt es sich bei einer Aue doch schon im Mittelhochdeutschen um eine ebenso saftige wie fruchtbare Wiesenlandschaft am Wasser. So können wir Auenland als ein Paradies im Kleinen denken, ebenso klein und idyllisch-märchenhaft wie seine Bewohner. Allerdings leben beide, die Vorstellung einer solchen angenehmen Landschaft wie auch die Beschreibung einer friedlichen, vor allem dem Ackerbau und der Familie zugeneigten Bevölkerung, vom Ausschluss der großen Welt und ihrer Machtspiele, ihrer Kriege und Intrigen.

Flüsse begrenzen das Land und verbinden die Leute

Wie in allen Idyllen bleiben also auch im Auenland die Wirren der Welt ausgeschlossen. Es existieren klare und »natürliche« Grenzen sowie Bewohner, die sich nicht über die vorhandenen Beschränkungen hinaus sehnen, sondern ihr Glück »zu Hause« suchen und dort auch bleiben wollen. Dass Bilbo davon abweicht und Frodo sich zunächst erzwungenermaßen auf den Weg macht, den letzten Ring zum Schicksalsberg zurückzubringen, führt dann nicht nur dazu, dass die Grenzen des Auenlandes überschritten werden, sondern setzt auch die Möglichkeit in Gang, die spannende und inzwischen von Millionen von Lesern und Kinobesuchern geschätzte Geschichte vom »Herrn der Ringe« zu erzählen. Im Rahmen dieser Geschichten, die ja bekanntermaßen in unterschiedlichen Welten und Zeitstufen angesiedelt sind, gehört das Auenland zur Region Eriador und liegt im Nordwesten von Mittelerde. Seit der Antike gibt es gemäßigte klimatische Verhältnisse, fruchtbare Böden, die Abwechslung von Wäldern und Feldern, Hügel anstelle tiefer Täler oder hoher Berge, die das Anlegen bequemer Wege behindern könnten, als Merkmale einer wohlgefälligen, auch schönen Landschaft. Einer Landschaft freilich, die kaum Helden hervorbringt, die aber in der Regel auch keine braucht. So klein und nützlich, aber auch so abgeschieden und im Alltag auch ein bisschen langweilig stellt sich nun das Auenland dar. Ursprünglich war das ganze Gebiet ein Teil des Königreiches von Arnor, nach dessen Niedergang die früheren Bewohner diesen Landstrich verlassen haben. So kommt es, dass die beiden Hobbitbrüder Marcho und Blanco, als sie im Jahr 1601 der »dritten Zeitrechnung« von König Argeleb II. von Arnor das Recht erhalten, dort zu siedeln, die Landschaft nicht nur neu gestalten und eine neue Gesellschaft gründen, sondern auch eine eigene Zeitrechnung beginnen können: Das Jahr 1601 wird das Jahr 1 der auenländischen Zeitrechnung. Das Land, das nunmehr den Hobbits zur Verfügung steht, reicht von den Mooren im Nordwesten und dem sich daran anschließenden Gebirgszug Emyn Uial bis zu den Flussmarschen im Süden und wird im Osten vom Fluss Brandywein (Baranduin) begrenzt, der sich in seinem weiteren Verlauf nach Westen wendet, sodass er auch einen Großteil der Südgrenze des Auenlandes bildet. Im Westen wird das Land durch verschiedene Gebirge begrenzt, die sich von Nord nach Süd in der Reihenfolge Nördliche Ferne Höhen,

Werk
Originaltitel
The Lord of the Rings
The Fellowship of the Ring (1954)
The Two Towers (1954)
The Return of the King (1954)
Deutsche Erstausgabe
Der Herr der Ringe
Die Gefährten (1969)
Die Zwei Türme (1970)
Die Rückkehr des Königs (1970)
Verfilmungen
1978 vom Zeichentrickfilmer Ralph Bakshi
2001–2003 von Peter Jackson

Turmberge, Blaue Berge aneinander anschließen. Von Nord nach Süd und von West nach Ost wird das Land von großen Straßen durchzogen, und es gehört zu den Aufgaben der Hobbits, diese Straßen und die dazugehörenden Brücken und Kreuzungen zu erhalten und zu pflegen. Auch sollen sie die Boten des Königs unterstützen und natürlich treue Untertanen sein, was sie – zumindest so lange die guten Könige von Arnor herrschen – dann auch sind. Die bedeutendste Verkehrsstraße ist die Große Oststraße, die im Osten über die Brandyweinbrücke, einer der wichtigsten Verkehrsknotenpunkte des Auenlandes, weiter in Richtung Osten nach Bree führt. In westlicher Richtung liegen die wichtigsten Siedlungen der Hobbits an dieser Straße, unter anderem auch die Landeshauptstadt Michelbinge; weiter nach Westen führt der Weg über die westlichen Gebirge in Richtung der noch weiter im Westen liegenden »grauen Anfuhrten«.

Familienfeiern halten die Gesellschaft zusammen

Tolkiengesellschaft
Die Deutsche Tolkiengesellschaft unterhält verschiedene Publikationsorgane; das wissenschaftliche Jahrbuch Hither Shore, Band 5 (2008) ist der Erzählung »Der Hobbit« gewidmet.

Das ganze Land besteht aus vier Verwaltungsbezirken, die nach den Himmelsrichtungen benannt sind und wiederum in einzelne Siedlungsbezirke zerfallen, die den jeweiligen Familienverbänden zugeordnet sind und auch deren Namen tragen. Obwohl Auenland formal noch immer dem Königreich von Arnor zugehört, verfügt es doch über weitgehende Selbstständigkeit, wobei neben dem Leiter der Volksversammlung, die alle sieben Jahre den Bürgermeister wählt, und dem Hauptmann der Hobbit-Truppen, der freilich nur bei Gefahren in Erscheinung tritt, dem Bürgermeister die wichtigste Rolle zukommt. Er residiert in Michelbinge und zu seinen wichtigsten Aufgaben gehören der Vorsitz und die Eröffnung der zahlreichen Feiern und Feste, die sich bei den stark auf die Familie orientierten Hobbits großer Beliebtheit erfreuen. Möglicherweise lebten die Hobbits in den alten Zeiten zumeist in Höhlen. Zu der Zeit, in der nun die Hobbits im Rahmen der Geschichte in Erscheinung treten, leben die meisten von ihnen in kleinen Höfen und Siedlungen. In Höhlen leben nur noch die ganz Armen und die ganz Reichen. Wobei die Höhlen nicht vergleichbar sind. In den durchaus für die unterschiedlichsten Bedürfnisse großzügig ausgestatteten Höhlen der Reichen ist für diese das Leben darin Luxus, die Verwirklichung eines nostalgischen Lebensstils, dem sie sich jederzeit wieder entziehen können. Somit hat sich auch im Auenland eine soziale Zersplitterung der Gesellschaft herausgebildet, die aber in der Regel durch den gutmütigen Charakter der Hobbits und das Zusammenleben in größeren Verwandschaftsverbänden ausgeglichen wird. Kämpfe, Zerstörungen und Katastrophen machen allerdings auch vor dem Auenland nicht Halt: Schon bald nach der ersten Besiedlung wütet im Jahr 37 der auenländischen Zeitrechnung eine große Pest, die das kollektive Gedächtnis der Auenländer ebenso bestimmt wie der schrecklich lange Winter der

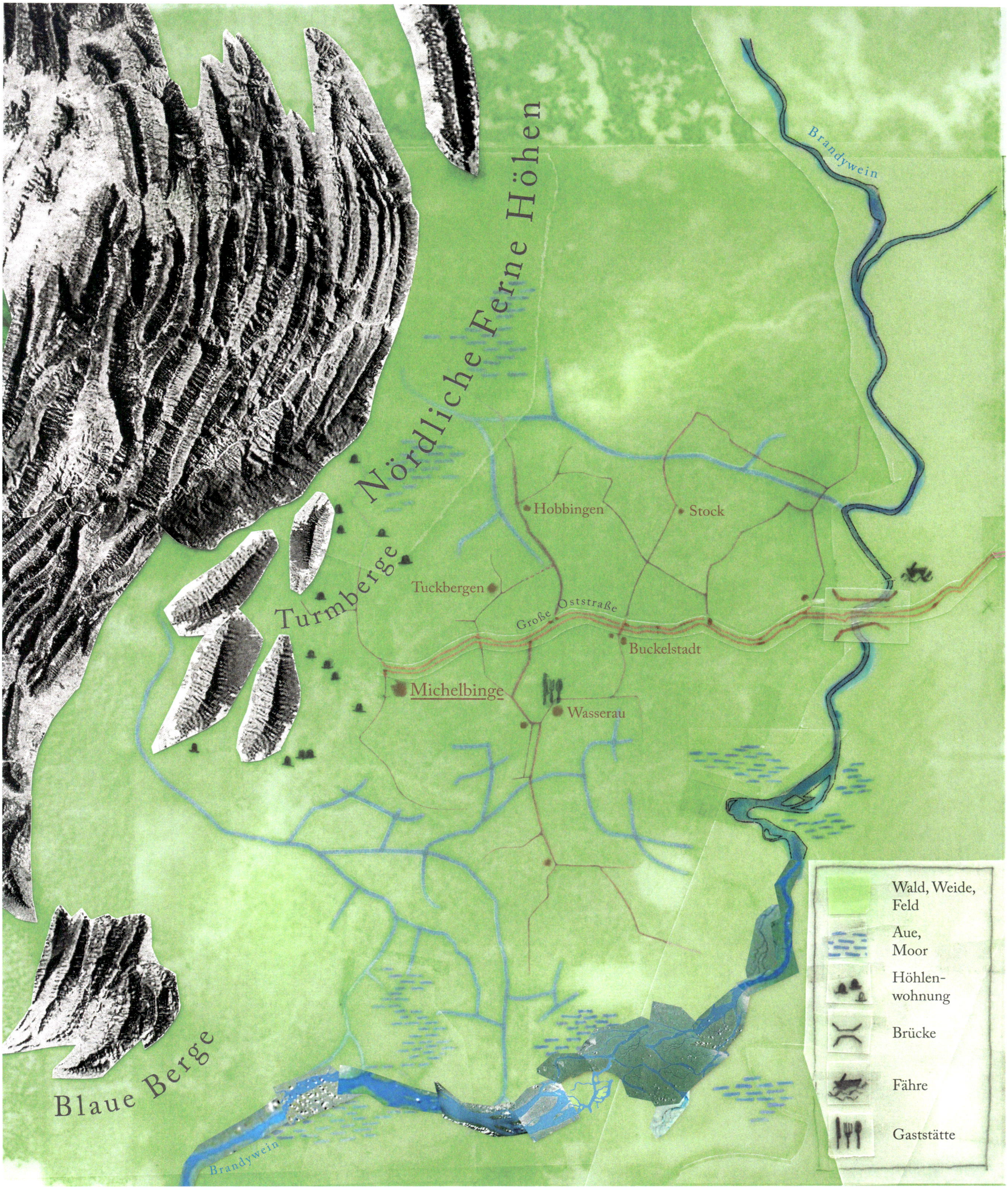
Nördliche Ferne Höhen
Turmberge
Blaue Berge
Brandywein
Hobbingen
Stock
Tuckbergen
Große Oststraße
Buckelstadt
Michelbinge
Wasserau
Brandywein
Wald, Weide, Feld
Aue, Moor
Höhlen-wohnung
Brücke
Fähre
Gaststätte

Jahre 1158–1160, in dem Tausende einer durch ihn verursachten Hungersnot zum Opfer fallen. In der Schlacht von Fornost geht das Nördliche Königreich unter, was den Hobbits für einige Zeit die Unabhängigkeit bringt. Im Jahr 1147 der auenländischen Zeitrechnung überfallen Orks das Auenland, werden aber in der Schlacht bei Grünfeld zurückgeschlagen. Im Jahr 1419 findet nahe des Ortes Wasserau eine Schlacht statt, in der die Anhänger des Zauberers Saruman besiegt werden.

Am Ende der im Rahmen der Geschichte zeitgenössischen Eroberung des Auenlandes durch Sauron und seine Kampfmonster und dessen Niederlage steht die Wiederherstellung der alten Idylle, mit der sich nun nicht mehr alle anfreunden können. Zumindest Frodo hat so viele Erfahrungen gemacht und hat sich so entwickelt, dass es ihm in den mittelmäßigen Verhältnissen des Auenlandes zu eng geworden ist. Auch wird damit erkennbar, dass es sich angesichts der kosmischen Auseinandersetzungen, der Drachen und Kampfmonster, des Schlachtengetümmels, der Leidenschaften und Bosheiten, die die sonstigen Handlungsstränge des »Herren der Ringe« ausmachen, bei den Hobbits und dem von ihnen bewohnten Auenland um eine Fantasie- und Kinderwelt handelt. Eine Welt, in der bereits die Raum- und Zeitangaben relativ sind. Von Nord nach Süd braucht man etwa vierzig Wegstunden, von Westen nach Osten sind es fünfzig. Wie groß die Schritte sind, in denen diese Strecken abgegangen werden und wer sie gemessen hat, wird freilich nicht mitgeteilt.

Idyllle und Vormoderne

Lieblichkeit und Attraktivität des Auenlandes werden auch durch seine Rückbezüge auf die Welt der Vormoderne gestärkt: Häuser, Hütten und Schober mit ihren rundlichen Bauformen erinnern ebenso an eine ländliche, menschenfreundliche Welt wie die vertrauten Berufe der Hobbits: Müller, Bäcker, Schmiede und andere Handwerke.

Avalon

Im Nebel verborgenes Apfelland

Land/Ort	Lage	Größe	Bevölkerung	Wichtigste Stadt	Weitere Orte	Sehenswürdigkeiten
Avalon	Insel mit mythischer Ausstrahlung, von Felsen umgeben	Vielleicht so groß wie Helgoland, 1,7 km^2	Nur Eingeweihten zugänglich, in der Regel nur von Frauen bewohnt	Keine bekannt	Kapelle Kloster	Fruchttragende Bäume Gärten Strand und Seeufer Nebel heilige Barke

Avalon« hat offensichtlich als Wort schon einen guten Klang, wie seine Verwendung für zahlreiche Produkte, vom Computerspiel bis zum Kraftfahrzeug, vom Jazz-Standard bis zu Roxy Music sowie für diverse andere Beispiele belegen. Mehr als ein Dutzend Städte in den USA tragen diesen Namen, ebenso eine Halbinsel im Südosten der kanadischen Insel Neufundland. Im Kymrischen, der keltischen Sprache, die bis heute in Wales gesprochen wird, bedeutet abal/aballo Apfel beziehungsweise Apfelbaum; somit verweist der Name Avalon auf eines der ältesten Kulturprodukte, dessen Herkunft wohl im Orient lag. Auch die Anspielung auf jenen Apfel, den Eva von Baum der Erkenntnis pflückte und der sie das Paradies kostete, mag den Bezug des walisisch-keltischen Apfellandes auf die ebenfalls aus dem Orient stammenden Vorstellungen eines Paradiesgartens verstärkt haben.

Bei Geoffrey of Monmouth, selbst walisischer Herkunft, der im Rahmen seiner Geschichte der Könige Britanniens auch die Artus-Sage berichtet, stellt Avalon einen Wunschraum dar, in dessen Ausgestaltung sich Vorstellungen der Idylle, des Paradieses und eines bereits jenseits der wirklichen Welt angesiedelten Totenreichs mischen. Wichtig ist daran, dass sich in dieser Mischung aus Paradies und Totenreich die Möglichkeit bot, ältere keltische Traditionen mit jenen christlichen Vorstellungen zu verbinden, die seit dem frühen Mittelalter die englische Insel erreicht hatten. Auch bot

AUTOR

Geoffrey of Monmouth
englischer Historiker und Bischof
* um 1100 Monmouth
† 1154 Llandaff bei Cardiff
erster Erzähler der Artussage

WERK

Historia Regum Britanniae,
12 Bände, 1136/38
Vita Merlini, um 1150

sich damit die Gelegenheit, heidnische Krieger- und Kämpfervorstellungen mit den durch das Christentum geprägten Ritterbildern zu vereinigen, was dazu führte, dass Artus und seine Ritter dann auch zum Thema der hochmittelalterlichen ritterlich-höfischen Literatur werden konnten. Immerhin hat man schon kurz nach Geoffreys Bericht damit begonnen, eine historische und lokale Vorlage für diesen Ort zu suchen, und der von Giraldus Cambrensis bereits 1191 gemachte Vorschlag, diese in der Klosterabtei Glastonbury in der Grafschaft Somerset zu finden, hat seitdem immer wieder Aufmerksamkeit gefunden. Zumindest in der Tourismuswerbung mischen sich Sagen- und Legendenelemente mit historisch vorhandener Wirklichkeit.

Lage und Zugangsmöglichkeiten

Autorin
Marion Zimmer Bradley
amerikanische Schriftstellerin
* 3.6.1930 Albany, New York
† 25.9.1999 Berkeley, Kalifornien
schildert mythische Stoffe aus Frauensicht, schreibt Science-Fiction und Fantasy, so in der Reihe der »Darkover«-Romane (ab 1972)

Werk
Die Nebel von Avalon, 1983
Das Licht von Atlantis, 1984
Die Wälder von Albion, 1993
Die Herrin von Avalon 1996
1982 veröffentlichte die britische Pop-Band Roxy Music ein Album mit dem Titel »Avalon«; das Meisterwerk »Avalon Sunset« von Van Morrison erschien 1989 und enthält u.a. das evergreentaugliche »Have I told you lately«.

Dass es sich bei Avalon um eine Traum- und Wunschlandschaft handelt, wird schon an den äußeren Gegebenheiten erkennbar; Hagel, Schnee und Regen sind hier unbekannt. Stattdessen gibt es zahlreiche Gärten mit Obstbäumen, und auch im Übrigen teilt die Insel, aber auch die Landschaft jenseits des Sees, in dem die Insel sich befindet, alle Eigenschaften, die auch sonst den lieblichen Orten der Idylle zukommen: linde Lüfte und mildes Klima, reiche Vegetation und grüne Wiesen, Schatten spendende Bäume und himmlische Ruhe. In der Mitte der Insel, die nach außen hin von Felsen umgeben ist, befindet sich eine Kapelle, die – wie auch das Kloster Glastonbury – der Legende nach von Joseph von Arimatäa, einem der Jünger Jesu, gegründet worden sein soll. Als Bewohner des Landes werden Frauen genannt, die über Weisheit und magische Kräfte verfügen.

Bei einem ersten Besuch von König Artus, so berichtet es die Artussage, sei dieser vom Zauberer Merlin dorthin gebracht worden. Überhaupt ist der Zugang zur Insel nur von denen zu finden, die in seine Geheimnisse eingeweiht sind, da die Insel und die sie umgebende Landschaft von einem immerwährenden Nebel verborgen werden. Nur diejenigen, die über eine entsprechende Macht verfügen, sind in der Lage, auf direktem Weg dorthin zu gelangen, indem sie eine heilige Barke rufen, die sie über den See bringen kann. Für andere endet die Suche nach Avalon in der Abtei Glastonbury, wobei mitunter das markante Glastonbury Tor, ein weithin sichtbarer Wehrturm, auch als Zugang zur darunter verborgenen Welt Avalons gesehen wird. Immerhin wurde das Tor auf einer Insel, die von einem Sumpf umgeben ist und deren Besiedlung sich bis in die keltische Zeit des 3. Jahrhunderts n. Chr. zurückverfolgen lässt, keltisch »Twr Avallach«, von den Briten »Ynys yr Afalon« genannt, was eine Verbindung zum Avalon der keltischen Überlieferung nahelegt.

Als nun Artus die Insel mithilfe Merlins betrat, streckte sich ihm – späteren Überlieferungen zufolge – eine Hand aus dem See entgegen, die ihm das Zauber-

Abtei Glastonbury
Turm zu Glastonbury
Kapelle
Apfelbäume
Sichtungen
Heilige Barke
Sichtungen
Schwert Excalibur

schwert Excalibur übergab, ein Schwert, das seinen Besitzer unverwundbar machte und ihm zugleich übermenschliche Kräfte verlieh. Artus allerdings musste versprechen, das Schwert am Ende seines Lebens seiner Besitzerin, der Herrin vom See, die mit der keltischen Göttin Nimue, auch Viviane, Elaine oder Niniane genannt, identifiziert werden kann, zurückzugeben. Tatsächlich kehrte Artus nach seiner schweren, vielleicht sogar tödlichen Verwundung in der Schlacht gegen Mordred nach Avalon zurück, und einer der ihn begleitenden Ritter, Sir Bedivere, konnte Artus' Versprechen erfüllen und das Schwert an die Herrin des Sees zurückgeben. Im 12. Jahrhundert nutzte der englische König Richard Löwenherz diese Sage für seine Zwecke, indem er beanspruchte, selbst dieses Schwert zu besitzen. Von Artus, der auf Avalon beziehungsweise in Glastonbury begraben sein soll, wird – ähnlich wie von Kaiser Rotbart (Friedrich I. Barbarossa) im allerdings wesentlich jüngeren Kyffhäuser-Mythos – auch berichtet, dass er auf Avalon nur ruhe und darauf warte, zu gegebener Zeit zur Rettung Britanniens in die Geschichte zurückzukehren.

Literarische Bearbeitungen und innovative Anschlüsse

Avalon in Glastonbury
Dass Avalon in Glastonbury zu finden sei, wird auch mit der bereits im hohen Mittelalter vertretenen Vorstellung begründet, man habe dort das Grab König Artus' und der Königin Guinevere gefunden. Die dort aufgefundene Grabplatte soll die Inschrift: »Hier liegt der berühmte König Artus auf der Insel Avalon begraben« getragen haben.

Bereits die mittelalterliche Literatur hat in vielfacher Weise von Artus und den mit ihm verbundenen Rittern und Abenteuern berichtet. Für die europäische Literatur waren zunächst die Bearbeitungen durch den aus der Champagne stammenden französischen Autor Chrétien de Troyes maßgeblich, der in mehreren Epen Stoffe aus dem Artus-Sagenkreis gestaltet, unter anderem »Érec et Énide«, »Yvain«, »Lancelot« und »Perceval«. Hieran schloss der für die deutsche höfische Literatur bedeutende Dichter Hartman von Aue an, dessen Ausarbeitung der Artusstoffe um 1200 den noch heute attraktiven höfischen Roman begründete. Zu seinen Werken, in denen mit den Artusgeschichten verbunden dann auch Avalon ins Spiel gebracht wird, gehören »Erec« (um 1180/90 entstanden) und »Iwein« (um 1200). Hartmanns Bedeutung besteht vor allem darin, dass er die höfische Minnekonvention, wie sie im 12. Jahrhundert in Frankreich entwickelt worden war, mit den älteren Motiven aus dem keltischen Sagenzyklus, mit Märchenelementen und deutlicher christlich geprägten Vorstellungen zu verbinden suchte.

Aber auch andere Autoren haben sich immer wieder mit Artus und dem ihm verbundenen Sagenkreis, der sich in dieser Hinsicht zu Recht als ein europäischer Mythos ansprechen lässt, beschäftigt. Hierzu gehören die 1485 unter dem Titel »Le Morte d'Arthur« erstmals veröffentlichte Sammlung von Artusgeschichten des englischen Schriftstellers Sir Thomas Malory sowie Alfred Lord Tennysons »The Idylls of the King« (1859). William Blake ließ sich von der Legende, Jesus habe als Kind gemeinsam mit Joseph von Arimatäa bereits Glastonbury besucht, zu seinem Gedicht »And did those feet in ancient time« (»Jerusalem«) inspirieren, das als das patriotischste aller englischen Gedichte gilt und unter anderem 1969 von Monty Python's Flying Circus parodiert wurde.

Auch Mark Twain schrieb mit seinem noch heute lesenswerten Roman »A Connecticut Yankee in King Arthur's Court« (1889) eine Parodie, die nicht nur die König-Artus-Geschichten, sondern auch die naiven, romantischen Mittelaltervorstellungen seiner Zeit zum Thema hatte. Einen in die Populär- und Unterhaltungskultur hinein äußerst wirksamen und erfolgreichen Vorstoß unternahm die amerikanische Schriftstellerin Marion Zimmer Bradley mit dem 1982 erschienen Roman »Die Nebel von Avalon«, dem sie eine Reihe weiterer Avalon-Romane folgen ließ. Ausschlaggebend für den Erfolg war dabei sicherlich auch, dass Zimmer Bradley neben der Verwendung von Fantasy-Elementen und esoterischen Bezügen die Geschichte um König Artus aus der Sicht der daran beteiligten Frauen schilderte. Tatsächlich gibt es auch in den älteren Berichten schon Hinweise darauf, dass in Avalon selbst und in den damit verbundenen Geschichten Frauen eine wichtige Rolle spielten: als Begleiterinnen und Ratgeberinnen des Königs, der bekanntlich auch sein Schwert aus den Händen einer Göttin erhält, aber auch in Erinnerung daran, dass das Umland von Avalon selbst von weisen Frauen bewohnt wurde, die zudem über magische Kräfte verfügten.

Vor dem Hintergrund einer in den 1970er-Jahren sich artikulierenden Frauenbewegung, den davon ausgehenden Impulsen für die Erkundung der Kulturgeschichte von Frauen und den in den bislang männerdominierten Erzählungen nur ansatzweise vorkommenden Frauen, bot sich hier ein Feld für die Umdeutung und Umgestaltung bekannter Geschichten, das sich dann vor allem auch in literarischen Produktionen und entsprechenden Verfilmungen niederschlug.

Jazz-Standard »Avalon

Entstanden in den 1920er-Jahren, u.a. von Coleman Hawkins und Benny Goodman in den 1930er-Jahren aufgenommen.

Camelot
König Artus' Hof

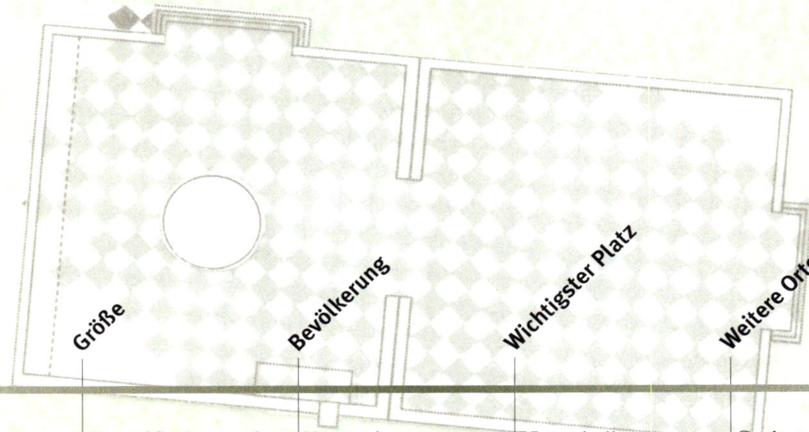

Land/Ort	Lage	Größe	Bevölkerung	Wichtigster Platz	Weitere Orte	Sehenswürdigkeiten
Camelot	Burg und Festungsanlage auf einem Hügel 153 m über dem Meer, Hauptstadt des Reiches	Grundfläche rund 500 m × 450 m	König Artus Ritter und Hofstaat	Haupthalle im Schloss	Carlion Kinkenadon Orte, an denen der Artushof weilt	Gerichtssaal Turnierplatz Grabmale Kathedrale St. Stephan Fluss Camelot

AUTOR
Robert Wace
anglonormannischer Dichter
* um 1110 auf der Insel Jersey
† nach 1174
übersetzte die lateinischen Texte der Artussage ins Normannische und Französische, schuf die Idee der »Tafelrunde«

WERK
Originaltitel
Le roman de Brut, 1135/40
(Geschichte Britanniens vom Trojanischen Krieg bis zur Ankunft der Angelsachsen)
Le roman de Rou, um 1174
(Geschichte der Normandie)

Zu einem bedeutenden König gehört sicherlich auch ein erhabenes, stolzes Schloss. Da die Überlieferung hierzu zunächst recht wenig wusste, Geoffrey von Monmouth, der als Erster in der abendländischen Literatur von König Artus und seinen Rittern berichtet, noch nicht einmal den Namen nennt, bietet sich hier ein weites Feld für die Fantasie und das farbige Ausmalen entsprechender Räume und Ansichten. Ob sich der Name aus dem Keltischen herleiten lässt oder auf die römische Siedlung Camulodunum verweist, die zeitweise Zentrum des von den Römern beherrschten Britannien war, ist umstritten. Vor allem die Romantiker und die sich an ihnen orientierenden Buchillustratoren wie beispielsweise Gustave Doré haben für die Ausgestaltung Camelots deutliche Spuren hinterlassen, die sich bis in die Burg- und Schlossdarstellungen der Disney-Filme wiederfinden lassen.

Aber auch der älteren Überlieferung nach befand sich Burg Camelot, in der König Artus residierte und die damit zugleich Mittelpunkt seines Reiches war, auf einem uneinnehmbar hohen Berg. Sie stellte eine starke Festung dar und war zugleich großräumig genug, um dort Turniere und Feste, Beratungen, Gerichtstage und Feierlichkeiten abzuhalten. Vor allem aber bot sie Platz für die Tafel, an der sich König Artus' Ritter, die »Ritter der Tafelrunde«, zu treffen pflegten. Diese Runde bestand aus den tapfersten und – zumindest der Erwartung nach – auch edelsten Rittern, die die Welt zu dieser

Zeit zu bieten hatte. Ihre Rolle bestand darin, sich in Abenteuern und Kämpfen zu bewähren, sich für alle Schutzbedürftigen einzusetzen und natürlich, als die Aufgabe gestellt wurde, sich auf die Suche nach dem Heiligen Gral zu machen. Der Heilige Gral soll das Gefäß gewesen sein, in dem – der Legende nach – Joseph von Arimatäa das Blut des sterbenden Jesus aufgefangen hatte. Joseph von Arimatäa soll dieses Gefäß – und damit den Anspruch auf eine legitime Weltherrschaft – später nach England, genau genommen nach Wales gebracht haben, was sowohl die Christianisierung der Kelten als auch deren besondere Stellung in der Heilsgeschichte der Welt begründete.

Schon an dieser Erzählung wird erkennbar, dass nicht nur unterschiedliche historische Überlieferungen und Erfahrungsbestände in die Geschichte von König Artus und seiner Tafelrunde in Camelot eingeflossen sind. Vielmehr sind auch unterschiedliche Textschichten sowie Mischungen aus keltischen und römischen, vorchristlichen und christlichen Traditionsbezügen vorhanden, an die in späterer Zeit bis zur Gegenwart literarische und andere künstlerische Bearbeitungen sowie esoterische Vorstellungen anknüpfen konnten. Nicht zuletzt zeigt die Erzählung die Handschrift unterschiedlicher Autoren, die vom Mittelalter an zu unterschiedlichen Zeiten und mit jeweils durchaus eigenen Zielsetzungen und Gestaltungsmodellen den Stoff- und Motivkreis um König Artus aufgenommen und weitergeführt haben. Der 1963 ermordete amerikanische Präsident John F. Kennedy soll gerne eine Songzeile aus dem 1960 geschaffenen, außerordentlich erfolgreichen Musical »Camelot« zitiert haben, die nach seiner Ermordung auch auf ihn und seine Zeit bezogen wurde: »Don't let it be forgot/ That once there was a spot/ For one brief, shining moment/ That was known as Camelot«.

Camelot und seine Helden

Die Burg bildet das Zentrum einer Siedlung, auch wenn sie auf vielen Bildern in einsamer, rauer Umgebung gezeigt wird. Der Fluss, an dem die Stadt liegt, trägt wie auch die Burg und die Stadt den Namen Camelot. Während der Stadt nicht in allen Berichten der Glanz der Hauptstadt eines so mächtigen Reiches zukommt, beeindruckt die Burg als eine ebenso uneinnehmbar scheinende wie Achtung gebietende Festung. Neben ihrer Weitläufigkeit ist es vor allem die Anzahl ihrer Kirchen und die ritterliche Erscheinung ihrer Bewohner, die hervorgehoben werden. Genauere Auskünfte sowie die Festlegung Camelots als Hauptstadt von König Artus' Reich finden sich freilich vor allem erst in der Zeit des späten Mittelalters, in dem die Geschichten um den König und seine Ritter im Anschluss an Geoffrey von Monmouth und Chrétien de Troyes, nunmehr in verschiedenen Texten und Überlieferungen aufgenommen und popularisiert wurden. Mit der weiteren Ausgestaltung der verschiedenen Charaktere und ihrer

Autor
Chrétien de Troyes
altfranzösischer Dichter
* um 1140 Troyes
† um 1190
Begründer des höfischen Romans

Werke
Érec et Énide, um 1170
Lancelot, 1177/1181
Yvain, 1177/1181
Perceval, 1182/1191

Handlungen beziehungsweise Taten wurden dann auch die Ortsbeschreibungen konkretisiert und farbiger ausgemalt.

Den Mittelpunkt der Burg bildet die Haupthalle, ein Rittersaal, der von dem Zauberer Merlin erbaut worden sein soll und in dem die große Tafel steht, an der sich die Ritter unter Vorsitz König Artus' zu ihrer Runde versammeln. Diese Tafel, die zugleich das Weltenrund symbolisiert, ist der Ort, von dem aus sich die Ritter zu ihren Abenteuern und Taten aufmachen, und hierhin kehren sie zurück, um zu berichten und gegebenenfalls auch die Folgen ihrer Taten zu erfahren. Sie ist auch deshalb rund, damit sich, unter der Vorrangstellung Artus', keine weiteren Rangstreitigkeiten ergeben können. Manche Schilderungen statten die Halle zudem mit großen allegorischen Bildern aus und weisen auf die bemalten Glasfenster hin, die die Heldentaten des Königs zeigen. Auch die schwarz-weißen, quadratischen Bodenplatten, ein riesiger Kamin und die steinernen Galerien, die den Raum umfassen, finden mitunter Erwähnung. Große Bedeutung kommt in einzelnen Geschichten auch einem benachbarten Raum, dem Gerichtssaal, zu, in dem Prozesse geführt werden und Versammlungen stattfinden, Gottesurteile vorbereitet und andere Entscheidungen gefällt werden.

Die Ritter der Tafelrunde (Auswahl)
Agravane, Erec, Galahad, Gawain, Iwein, Lancelot, Mordred, Parzival, Tristan

Denn natürlich sind sich die Ritter nicht immer einig, und auch bei der Verwirklichung ritterlicher Ideale lassen die meisten von ihnen zu wünschen übrig. Dementsprechend sind sie auch mit unterschiedlichen Aufgaben und Erfahrungen konfrontiert und stehen mit ihren Schicksalen für die unterschiedlichen Anlagen und Motive, die Menschen in ihrem Leben und Handeln bestimmen können. Während so Gawain, der später auch in den Comics der Prinz-Eisenherz-Geschichten eine wichtige Rolle spielt, den weltlichen Gegenspieler zu dem sakral beziehungsweise heilsgeschichtlich hervorgehobenen Gralsritter Parzival darstellt, kommt seinem Ziehbruder Mordred, immerhin ein Sohn von König Artus, die Rolle eines Bösewichts zu. Er trägt mit seinem Verrat zum Untergang des Reiches von König Artus bei, in dem er sich während dessen Abwesenheit selbst zum König macht und seinen Vater später dazu zwingt, gegen ihn einen Krieg zu führen, in dessen Verlauf Mordred zu Tode kommt. Lancelot dagegen ist durch seine Liebe zur Königin Guinevere, der Frau von Artus, gezeichnet, was ihn zum einen als einen Repräsentanten einer unerfüllbaren, aber vorbildlichen höfischen Liebe werden lässt und zum anderen die Möglichkeit bietet, sich anhand seiner Figur den Fragen ehebrecherischer Liebe und ihrer Folgen, aber auch den Möglichkeiten ihrer Deutung und Wiedergutmachung zu widmen.

Dringlichkeit und Grenzen der Liebe stehen schließlich auch im Mittelpunkt der mit dem ebenfalls zur Runde gehörenden Ritter Tristan verbundenen Geschichte seiner ebenso intensiven wie unerlaubten Liebe zu Isolde. Parzival zeigt die Kraft Gottes auf, der ihn vom tumben Tölpel zum tugendhaftesten Ritter der Tafelrunde und schließlich zum König des Grals werden lässt. Zumal in den Bearbeitungen Chrétiens,

England
Ärmelkanal
Nordsee
Bretagne
153m ü.M.
Camelot
Ritterhaus
Burgsaal
Refektorium
Rittersaal
Gerichtssaal
Kirche

Hartmanns von Aue und in Wolfram von Eschenbachs »Parzival« werden die Geschichten und Helden der Artussage zu Probestücken, an denen Fragen der ritterlichen Ehre, einer verantwortbaren Lebensführung und eines vorbildlichen Hoflebens, nicht zuletzt auch Fragen der Sozialität und der Anthropologie, durchgespielt und mit zum Teil durchaus modernen Befunden vorgestellt werden.

Historische Aspekte

Offensichtlich sind in die Schilderungen Camelots ebenso wie in die Artussage selbst keltische und römische, christliche und »heidnische« Erfahrungen eingegangen. Historisch gehören die mit Artus und seinen Rittern verbundenen Sagen zunächst in die Zeit zwischen dem 5. und dem 11. Jahrhundert, in eine Zeit, in der sich weitreichende Bevölkerungsverschiebungen in Kontinentaleuropa und auf den britischen Inseln ereigneten. Die vor den seit dem 5. Jahrhundert nach England kommenden Sachsen weichenden keltischen Bewohner fliehen zunächst in die Bretagne, um von dort im 11. Jahrhundert wieder unter der Führung Wilhelm des Eroberers zurückzukommen. Die Artus-Sagen gehen auf die damit verbundenen Kämpfe und Konflikte ein und verlegen sie in die Zeit des frühen Mittelalters, nehmen dazu aber auch Motive und Erinnerungen an die zu Ende gehende Zeit der römischen Besatzung Britanniens auf.

Verfilmung 1953
Als noch immer spektakulärer Mittelalter- und Ritterfilm gilt die Verfilmung der Artus-Erzählungen von Thomas Malory (um 1485), in der 1953 Robert Taylor als Lancelot und Eva Gardner als Guinevere spielten.

Da es auch einige archäologische Hinweise gibt, ist die Suche nach historischen Vorlagen für Artus als Figur ebenso wenig abgeschlossen wie die Suche nach einem historischen Camelot. Für Artus kommt dabei gegebenenfalls eine Figur aus der Zeit des Übergangs der römischen Herrschaft auf die britischen Kelten, wie beispielsweise der britannische Heerführer Ambrosius Aurelianus aus dem 5. Jahrhundert, infrage, möglicherweise aber auch andere romanisierte Kelten, wie der unter dem Namen Riothamus ebenfalls im 5. Jahrhundert als Heerführer in Erscheinung tretende König der Brittonen. Auch die Orte, die als Vorlagen für Camelot dienen könnten, werden in diesem Umkreis vermutet. Immer wieder werden dazu Winchester, Cadbury Castle, das römische Camulodunum (das heutige Colchester) oder auch das in Cornwall gelegene Tintagel Castle genannt. In Winchester Castle wird interessierten Touristen sogar der Tisch gezeigt, an dem die Ritter angeblich tafelten.

Verfilmung 1998
Die amerikanische Filmkomödie »Ein Ritter in Camelot« nach der Vorlage von Mark Twains Roman »A Connecticut Yankee in King Arthur's Court« (1889) kam 1998 mit der Hauptdarstellerin Whoopi Goldberg in die Kinos.

Eldorado

Goldland im Dschungel

Land/Ort	Lage	Größe	Bevölkerung	Wichtigste Stadt	Weitere Orte	Sehenswürdigkeiten
Eldorado	Am Oberlauf des Orinoko, zwischen dem Amazonas und Peru	Etwa 230 000 km² wie der brasilianische Bundesstaat Roraima, oder etwa 215 000 km² wie Guayana	Zum Volk der Muisca gehörende Indianer	Manoa	Fünf heilige Seen der Muisca	Tempel und Paläste Bergsee von Guatavita Goldschmuck Kultobjekte aus Gold

Marco Polo lieferte, auch wenn seine Aufzeichnungen nicht vom südamerikanischen Dschungel handelten, die Vorlage für die mit dem Entdeckungszeitalter einsetzende Suche nach einem Goldland in Übersee. Seine Berichte über den sagenhaften Reichtum der Länder und Städte des Ostens, auch von einem Goldkönig, über Juwelen und andere Kostbarkeiten, weckten nicht nur die Fantasie, sondern auch die Gier von Seefahrern wie Christoph Kolumbus, der sowohl in seinem Reisetagebuch als auch in seinen Briefen immer wieder darauf zu sprechen kommt, auf der Suche nach dem sagenhaften Goldland zu sein beziehungsweise erste Hinweise darauf bereits erhalten zu haben. Nicht zuletzt wollte er natürlich damit auch die Finanzierung des Unternehmens retten und seinen eigenen Ruhm fortschreiben.

Allerdings ist die Vorstellung von einem Land, in dem es Gold und andere Edelmetalle im Überfluss gibt, schon älter und verweist auf ein Motiv, das in vielen Sagen und Märchen angesprochen wird, wobei allerdings Gold nicht nur Glück und Macht bedeutet, sondern offensichtlich immer auch schon als gefährlich und gelegentlich sogar als überflüssig angesehen wurde. Gold als Schmuck und später als Münze lässt sich schon in den orientalischen Hochkulturen finden und seine Wertschätzung übertrug sich von dort auch nach Europa. Wie bei anderen Kulturgütern waren die Mittelmeerwelt und die maritimen Räume um die arabische Halbinsel und bis nach Indien hierbei

Autor

Marco Polo
venezianischer Händler, Reisender und Chronist
* um 1254 Venedig
† 8. 3. 1324 Venedig
von seiner Asienreise berichtete er, dass er zahlreiche Städte mit riesigen Reichtümern gesehen und auch von einem Goldkönig gehört habe

Werk

Il Milione (Die Wunder der Welt), um 1298

nicht nur die Umschlagplätze, sondern sie bildeten auch das Feld, auf dem Geschichten transportiert und einzelne Motive weiter getragen und ausgemalt werden konnten.

Vom Wert des Goldes und von den Gefahren der Suche

Autor
Sir Walter Raleigh
englischer Seefahrer, Entdecker und Schriftsteller
* 1552 oder 1554 in Hayes Barton, Devonshire
† 29. 10. 1618 London
unternahm 1595 eine Südamerikaexpedition, um das Goldland Eldorado zu suchen

Werk
The discovery of Guiana, 1596

Vom Wert, aber auch von den Gefahren des Goldes berichtet zum Beispiel schon der griechische Mythos von König Midas. Für eine Wohltat, die er einem betrunkenen Silen, einem Mischwesen aus Mensch und Pferd, erwiesen hatte, wurde der phrygische König von dem Silen mit der Gabe belohnt, dass alles, was er künftig anfasse, unter seinen Händen zu Gold werde. Neben grenzenlosem Reichtum brachte ihn dieses Vermögen freilich auch nahe daran, zu verhungern beziehungsweise zu verdursten, denn auch alle Nahrungsmittel, die er mit seinen Händen berührte, wurden zu Gold. Erst nachdem ihm Dionysos den Rat gegeben hatte, sich im Fluss Paktolos einem Bad zu unterziehen, konnte sich Midas vom zweifelhaften Geschenk des Silen befreien. Immerhin ist der Fluss seitdem dafür bekannt, dass sich in seinem Bett angeblich Gold finden lässt. Gerade in den Märchen findet sich aber auch häufig etwas von der Lebensklugheit wieder, dass Gold nicht unbedingt glücklich macht, ja mitunter sind es die Bewohner des Goldlandes selbst, die der Gier nach Gold mit Unverständnis oder sogar abschätzig gegenüberstehen.

In der Antike vermutete man das Land des Goldes in Afrika, das Alte Testament verweist auf ein Goldland Ophir, das möglicherweise im heutigen Äthiopien gelegen sein sollte; altägyptische Handschriften nennen ein Land Punt, das ein Land voller Gold gewesen sein soll. Mit der Entdeckung und anschließenden europäischen Eroberung und Erforschung der beiden Amerika rückten vor allem die Landschaften Südamerikas, auch der Süden der heutigen USA in den Mittelpunkt des Interesses. Gerade aber weil mit der Entdeckung eines bislang unbekannten, ja unvorstellbaren Kontinents auch die Fantasie neu angeregt wurde, konnten nunmehr auch andere für märchenhaft gehaltene Vorstellungen wieder in der Wirklichkeit gesucht werden. Fantasiegestalten wie etwa die Menschen ohne Kopf, Menschen mit Flügeln oder mit nur einem Bein, deren Fuß aber so groß war, dass sich der Mensch bei großer Hitze unter seinem eigenen Fuß in den Schatten legen konnte, wurden nun eben in den neuen Welten gesucht, nicht nur in Amerika, sondern auch erneut in Afrika oder in den Weiten des Pazifik. Dazu gehörte dann auch, dass im Zeitalter der Entdeckungen auch erneut nach dem Goldland gesucht wurde.

So suchte Francisco Vázquez de Coronado, einer der spanischen Konquistadoren, um 1540 vom heutigen Mexiko aus nach der sagenhaften Goldstadt Cibola und einem Goldland, das Quivira heißen sollte, und kam so immerhin bis ins heutige Kan-

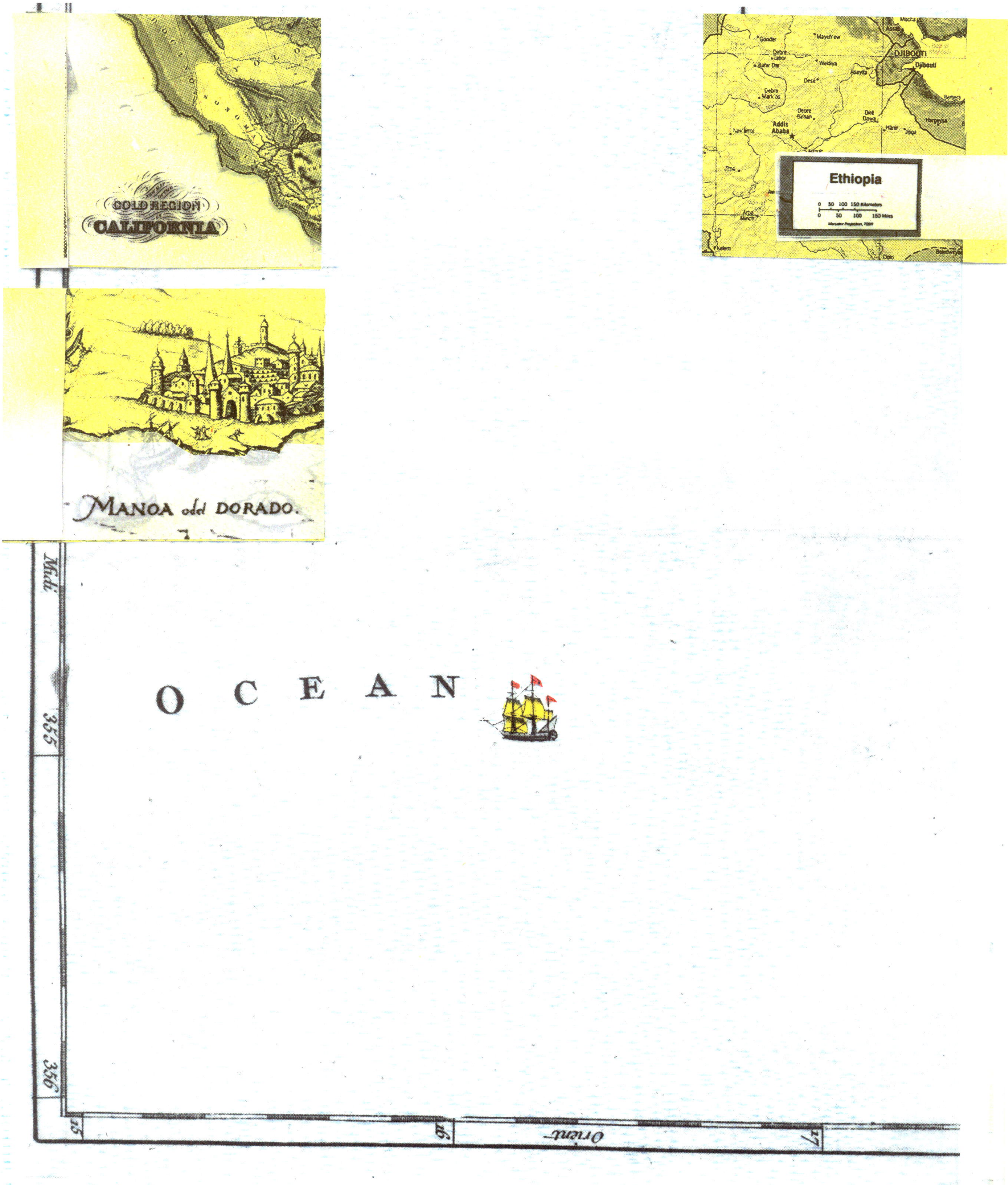
GOLD REGION
CALIFORNIA
Ethiopia
Addis Ababa
DJIBOUTI
Djibouti
MANOA od el DORADO.
Midi
OCEAN
355
356
15
16
Orient
17

sas – allerdings ohne nennenswerte Reichtümer zu finden. Auch im Amazonasgebiet und im heutigen Peru suchten die Spanier im 16. Jahrhundert nach dem dort vermuteten Gold und natürlich boten die tatsächlichen Gold- und Silberfunde, die sie bei Inkas und Azteken machten, immer wieder auch den Anreiz, nicht nur nach weiteren Goldquellen Ausschau zu halten, sondern eben auch das sagenhafte Land selbst zu suchen. Die Legende von einem Land voller Gold fand auch noch in späteren Zeiten ihre Anhänger. Wie sehr sie die Menschen fesseln konnte, zeigen nicht zuletzt die verschiedenen Goldräusche des 19. und frühen 20. Jahrhunderts. So waren es zum Beispiel beim Klondike-Goldrausch ab 1896 über hunderttausend Goldsucher, die sich Richtung Kanada und Alaska auf den Weg machten.

Die Sage der Muisca

V. S. Naipaul

Der 1932 in Trinidad geborene Schriftsteller und Literaturnobelpreisträger hat unter dem Titel »Das verlorene Eldorado« eine ebenso kritische wie faszinierende Geschichte der kolonialen Ausbeutung der karibischen Welt und der angrenzenden Staaten geschrieben.

Im 17. Jahrhundert konnten sich die Spanier bei ihrem Glauben an die Existenz eines Goldlandes und bei der Suche nach ihm auf Berichte beziehen, die ihnen von Angehörigen der Muisca überliefert waren, einem zur Gruppe der Chibchaindianer gehörenden Volk, das im Osten Boliviens nahe der heutigen Hauptstadt Bogotá lebte. Freilich war zum Zeitpunkt, als diese Berichte von den Spaniern aufgenommen wurden, die Eroberung Südamerikas schon weitgehend abgeschlossen und die Kultur der Muisca untergegangen, was dem Glanz der Legende allerdings keinen Abbruch tat. Diesen Berichten zufolge wurde der König der Muisca einmal im Jahr in einem rituellen Akt mit Goldstaub eingehüllt und zeigte sich dann als »Der Vergoldete« [spanisch El Dorado] in der Mitte des von den Muisca als heilig verehrten Guatavita-Sees, einem kleinen Bergsee nordöstlich von Bogotá.

Tatsächlich, so zeigen es auch die Museen in dieser Gegend heute, waren die Muisca geschickte Goldhandwerker, deren Figuren und andere aus Gold gefertigten Gegenstände damals und heute noch faszinieren. Die Berichte über das Ritual des »Goldbades« wurden aber vonseiten der Spanier als Hinweise darauf genommen, dass sich dort das Land des Goldkönigs befinde. Natürlich musste es dann auch genau so aussehen, wie sich Fantasie und Überlieferungen es vorzustellen suchten. Das hier vermutete Eldorado sollte ein Land sein, dessen Hauptstadt aus goldenen Palästen und Tempeln, goldenen Straßen und Schatzkammern bestand, ein Land, in dem so viel Gold vorhanden war, dass es die Einwohner sogar eher lächerlich fanden, wenn Fremde, so sahen sich die Spanier selbst, in ihrer Gier vom Gold nicht lassen konnten. Eine gewisse Befremdung über die eigene Gier nach Gold war also offensichtlich sogar bei denjenigen vorhanden, die getrieben von eben dieser Gier sich entweder auf die Suche nach dem Gold machten oder sich die Vorstellung von ihm detailliert und plastisch ausmalten.

Literatur und Gesellschaftskritik

Auch wenn die meisten dieser Berichte erst im Laufe des 16. Jahrhunderts entstanden waren, wurden sie auch später zeitweise noch dazu herangezogen, die Gier nach Gold und die Motivation der Spanier zur Eroberung der südamerikanischen Länder zu rechtfertigen. Während einige frühe Seefahrer und Eroberer, so auch der englische Reisende und Schriftsteller Sir Walter Raleigh, diese Berichte zum Anlass ihrer Reisen nahmen und ihnen auf ihren Expeditionen nachgingen, wurde das Motiv vom Goldland bereits im 18. Jahrhundert auch zu einem literarischen Motiv, zum Beispiel in der berühmten Modellerzählung »Candide« des französischen Schriftstellers und Aufklärers Voltaire. Es konnte damit zum einen genutzt werden, eine weitere fantastische, auch die Fantasie anregende Station zu bebildern, wenn es darum ging, die Wege der Menschen durch die Welt zu beschreiben. Zum anderen bot die Erzählung vom Goldland aber auch die Möglichkeit, die Gier der Menschen und ihre damit möglicherweise verbundene Zerstörungswut anzusprechen, das Streben nach Gold und Geld auch in einer gesellschaftskritischen Hinsicht zu zeigen.

Während in Joseph von Eichendorffs romantischem Eldorado-Gedicht (1841) noch die Sehnsucht nach einem fernen, wunderbaren Land im Vordergrund steht, allerdings auch schon der mit der Suche danach verbundene Irrtum angesprochen wird, stellt Jakob Wassermann in seiner Novelle »Das Gold von Caxamalca« (1928) die offensichtlich grenzenlos zerstörerische Kraft der Gier der Spanier nach Gold heraus, wenn er von deren Eroberung und Zerstörung des Inka-Reiches erzählt. Dass die mit Eldorado verbundene Hoffnung auf ein kleines, großes Glück auch in unserer Welt noch Menschen bewegen kann, zeigen nicht zuletzt die vielen Spielhallen, Diskotheken, »Einkaufsparadiese« und sonstigen Einrichtungen, die sich El Dorado nennen und die damit den Traum von einem Land grenzenloser Goldvorräte noch immer bedienen.

Entenhausen
Ducks in Kalifornien

Land/Ort	Lage	Größe	Bevölkerung	Wichtigste Stadt	Nachbarstädte	Sehenswürdigkeiten
Entenhausen	Im amerikanischen (?) Bundessstaat Calisota	Mittelgroße Kleinstadt, Vorlage ist die kalifornische Stadt Eureka, Fläche knapp 40 km²	Weitgehend entenartige Lebewesen Vertreter anderer tierähnlicher Gattungen	Entenhausen	Hundhausen Gansbach Quakenbrück Erpelstedt	Der Fluss Holländisches Viertel China Town Observatorium Onkel Dagoberts Geldspeicher Hügel mit dem allerältesten Siedlungskern

Autor
Carl Barks
amerikanischer Zeichner, Texter und Maler
* 27.3.1901 bei Merrill, Oregon
† 25.8.2000 Grants Pass, Oregon
arbeitete seit 1935 bei Disney und erfand Dagobert Duck und Daniel Düsentrieb,
hat an ca. 850 Comic-Geschichten und über 30 Filmen mitgearbeitet

Autorin
Erika Fuchs
deutsche Kunsthistorikerin und Übersetzerin
* 7.12.1906 Rostock
† 22.4.2005 München
von 1951 bis 1988 Übersetzerin der amerikanischen Donald-Duck-Comics ins Deutsche

Wer als Kind oder Jugendlicher in den 1950er-Jahren die damals neuen und von Elternseite durchaus umstrittenen Donald-Duck-Hefte las, konnte vom Anblick Entenhausens ganz schön irritiert sein. Zunächst einmal machten breite, asphaltierte Straßen, kleine und mittlere würfel- oder zigarettenschachtelförmige Hochhäuser, Gärten und Parklandschaften, Holzhäuser und fehlende oder nur sehr niedrige Zäune das Stadtbild aus. Natürlich sahen die Städte so aus, wie auch noch heute in den USA abseits der Megametropolen die Klein- und Mittelstädte sich zeigen, während die deutschen Städte, soweit sie nicht nach dem Krieg wieder aufgebaut werden mussten, doch noch viel gedrängter, mittelalterlicher aussahen. Besuchern aus Nordamerika fallen auch heute noch die Zäune und die Mauern um Häuser und Grundstücke herum als Erstes auf. Aber auch die Fläche ist bedeutsam. So wie alles in Amerika scheint auch in den kleineren und mittleren Städten alles größer als anderswo. Fläche, so scheint es, war im Überfluss vorhanden, für Parkplätze und mehrspurige Straßen, Einkaufsmärkte und Plätze, einen Platz für Hunde, auch für Goofys Hund Pluto, und nicht zuletzt die Spielplätze von Tick, Trick und Track, den Neffen Donalds.

Sicherlich orientierten sich die Zeichner der Disney-Produktionen, die zunächst Ende der 1920er-Jahre Mickey Mouse und dann ab Mitte der 1930er-Jahre Donald Duck und seine Verwandten in Szene setzten, an den Städten, wie sie sie in Kalifornien und dem Rest der USA in dieser Zeit vorfanden. Während freilich in den amerikanischen Vorlagen die Geschichten um Mickey Mouse und Donald Duck zumeist in verschiedenen Städten – nämlich in Duckburg und Mouseton – spielten, gilt für die deutschen Serien, dass beide Protagonistengruppen von Anfang an in einer Stadt, eben in Entenhausen, leben, allerdings nur in Ausnahmefällen tatsächlich auch in ein und dieselbe Geschichte verwickelt werden. Während es sich bei Entenhausen in der Regel eher um eine mittelgroße Kleinstadt von der Art des im Nordwesten Kaliforniens gelegenen Eureka handelt, oder es manchmal auch an Columbus in Ohio erinnert, orientieren sich andere Darstellungen auch schon einmal an Los Angeles oder San Francisco, was für Entenhausen dann auch zur Folge hat, dass sich seine Fläche vervielfacht und die Zahl der Bevölkerung ebenfalls außerordentlich ansteigt (Los Angeles ist dreißigmal so groß wie Eureka). Damit wird aber dann auch eher glaubwürdig, dass es in Entenhausen einen Großflughafen und zusätzlich noch weitere Flugplätze, größere Ansammlungen von Wolkenkratzern und verschiedene Highway-Trassen gibt.

Eine Geschichte aus dem Schulbuch

Die Geschichte Entenhausens spiegelt die Geschichte vieler Städte der USA wieder und geht dabei auch auf Besonderheiten der weißen Besiedlung der amerikanischen Nordwestküste ein. Schulbuchwissen verbindet sich mit den Bedürfnissen und Vorstellungen der Comic-Leser zu einem fantastischen Gemisch, dem auch ein gewisses Maß an Ironie nicht fehlt. Am Anfang standen wie auch in der wirklichen Geschichte der Entdeckung und der weißen Besiedlung Nordamerikas natürlich Weltreisende, Piraten und Entdecker. Solche Männer, wie der englische Freibeuter und Weltumsegler Sir Francis Drake, der tatsächlich auf seiner Suche nach der Nordwestpassage im Sommer 1579 an der amerikanischen Nordwestküste in der Nähe des heutigen San Francisco landete und dort für die englische Krone die »Nova Albion« genannte Kolonie in Besitz nahm. Warum sollte er also nicht im Rahmen derselben Unternehmung ein weiteres, etwas mehr im Norden gelegenes Fort gegründet haben, das zunächst den Namen »Fort Drake Borough« trug und aus dem dann im Laufe der weiteren Ereignisse Fort Entenhausen wurde? Noch am Ende des 18. Jahrhunderts soll es englischen Soldaten als Festung gedient haben, die von dort aus, auch in dieser Hinsicht Drakes Erbe weiterführend, gegen die von Süden kommenden Spanier kämpften. Dies war dann aber auch die Zeit, in der die Gründungsgeschichte von Entenhausen im eigentlichen Sinne der Duck-Geschichten einsetzt.

Es begann damit, dass ein durchreisender Händler, der mit Mais und Popcorn handelte, zu einem Zeitpunkt das Fort betrat, als die Engländer gerade wieder ein-

www.donald.org/
Der deutsche Klimaforscher Hans von Storch (* 1949) ist einer der Mitbegründer von D.O.N.A.L.D (Deutsche Organisation nichtkommerzieller Anhänger des lauteren Donaldismus), einer Gesellschaft, die sich der Erforschung der Welt von Entenhausen und ihrer Bewohner widmet.

mal von den Spaniern in arge Bedrängnis gebracht worden waren und sich eben dazu entschlossen hatten, ihren Stützpunkt aufzugeben. Eigentlich wollte der Mais- und Popcornhändler Emil Erpel (englisch Cornelius Coot) den Soldaten ja auch nur seine Künste zeigen, also wie er aus Mais Popcorn machen konnte. Doch diese Demonstration führte zu einer heftigen Explosion, die die Spanier glauben ließ, es handele sich um anrückende englische Kanonen, woraufhin sie sich zum Rückzug entschlossen. Da aber auch die Engländer inzwischen den Platz aufgeben wollten, konnte Erpel ihn ohne Weiteres übernehmen, gab der Festung den Namen Entenhausen und begründete außerhalb davon eine gleichnamige Siedlung. Später dem Stadtgründer gewidmete Statuen zeigen ihn seiner Profession entsprechend mit einem Teller, auf dem er Maiskolben anbietet.

Die Jahre der Ducks

Grobian Gans
Unter dem Pseudonym Grobian Gans veröffentlichten drei deutsche Schriftsteller 1970 das Buch »Die Ducks – Psychogramm einer Sippe«, das zum einen den Familienroman der Ducks zusammenstellt, zum anderen eine Satire auf die damals vorherrschende Sozialpsychologie darstellt.

Gute hundert Jahre später traf der Enkel des Stadtgründers, inzwischen verarmt, in Alaska auf einen schottischen Goldsucher, Dagobert Duck, dem er für eine Rückfahrkarte nach Hause die Stadt und den Platz verkaufte. Nunmehr begann, wie um 1900 auch in anderen amerikanischen Städten, eine ausgesprochene Gründungs- und Boomphase, die von umfangreichen Einwanderergruppen aus Europa, natürlich auch aus Irland und Schottland, gespeist wurde. Entenhausen wuchs in dieser Zeit ebenfalls und erlebte einen ersten Höhepunkt der Stadtentwicklung, als sich der inzwischen reich gewordene Goldsucher Dagobert dort im Jahr 1902 ansiedelte. Durch einen Streit zwischen den Nachfahren der Erpels und den Ducks wurde damals sogar für kurze Zeit die amerikanische Politik in die Geschicke der Stadt einbezogen. Da sich die Erpel-Nachfahren, das »Fähnlein Fieselschweif«, an den Präsidenten Theodore Roosevelt gewandt und um Schutz für ihr Erbe gebeten hatten, kam es zu einer kriegerischen Konfrontation um Entenhausen, in die auch Bundestruppen verwickelt waren und die letztlich zugunsten der Ducks entschieden werden konnte. Allerdings wurde dabei auch das alte Fort völlig zerstört.

Dagobert Duck konnte nunmehr als zweiter Gründer der Stadt diese neu aufbauen, sie nach seinem Geschmack gestalten und seinen riesigen Geldspeicher am Platz des alten Forts im Zentrum der Stadt aufbauen. Die Geldmacht hatte die Geschichte ersetzt. Auch wenn die genaueren Familienverhältnisse umstritten sind und im eigentlichen Sinn romanhafte Züge haben, ist doch festzuhalten, dass Dagoberts Neffe Donald Duck, eigentlicher Held und gleichzeitiger Unglücksrabe der mit seinem Namen verbundenen Geschichten, dort vermutlich an einem Freitag dem 13. im Jahr 1920 geboren wurde.

Observatorium
Quakenbrück
Großer Erpelsee
Erpelstadt
China-Town
Gumpe
Holländisches Viertel
Gumpe
Westend
Bilgenbucht
Hundhausen
Altstadt
Oberstadt
Dagobert Ducks Geldspeicher
Altstadt
Pazifischer Ozean
Großflughafen Entenhausen
Gansbach

DIE STADT IM WANDEL DER ZEITEN

JÜRGEN WOLLINA
Der Kartograf Jürgen Wollina veröffentlichte 2008 den »einzig wahren Stadt- und Umgebungsplan« von Entenhausen.

Im Grundriss hat sich die Stadt seitdem wenig geändert. Waren das Stadtbild und der Alltag der in Entenhausen lebenden Personen zunächst durchaus zeitgenössisch, entsprachen also den Standards und Erscheinungsformen der 1930er- und 1940er-Jahre, so hat sich das Bild der Stadt doch im Laufe der Zeit immer wieder auch modernisiert, auch wenn Uniformen und Barttrachten, Automodelle und beispielsweise Pistolen auch heute noch eher den Mustern der ersten Hälfte des 20. Jahrhunderts entsprechen. Noch immer liegt Entenhausen an der Mündung des Flusses Gumpe in den Pazifik. Küstenlage und Hinterland, auch die insgesamt randständige Lage der Stadt ist gleich geblieben. Gleichwohl, und dies ist nicht zuletzt sowohl das Verdienst der Zeichner als auch insbesondere der deutschen Übersetzerin Erika Fuchs, wurden Neuerungen aufgenommen, und auch die Komplexität und Hintergründigkeit der Geschichten und der Anspielungen ist damit gewachsen. Erika Fuchs, die im Feuilleton einiger angesehener Tageszeitungen und Magazine offensichtlich zahlreiche Sympathisanten hat, schuf nicht nur die im Deutschen geläufigen Namen der Helden, sondern trug mit Bemerkungen – »Ächz, Stöhn, Keuch« – und versteckten Zitaten sehr zur sprachspielerischen Gestaltung der Comics bei. Sie war es auch, die der Stadt der Ducks und der Micky Maus den Namen Entenhausen gab.

Auch wenn Anspielungen und Figuren stets aktualisiert wurden, immerhin sollten ja auch neue Geschichten erzählt und bebildert werden, blieben dennoch sowohl die wesentlichen Charakterzüge als auch das typische Verhaltensrepertoire der auftretenden Personen gleich und behielten dadurch einen Wiedererkennungswert, der dem Lesepublikum bis heute einen festen Halt bietet in einer ansonsten doch recht unüberschaubaren Welt. In der naiven und trotz aller Enttäuschungen offensichtlich unbelehrbaren Hoffnung, dass das Glück doch noch gerade auch für uns um die Ecke lauert, ist uns Donald Duck nicht fern. Und nicht überall kommen die Panzerknacker hinter Gitter, freilich gibt es auch nicht überall Gitter, die trotz allem auch immer erneut so durchlässig sind wie in Entenhausen.

Gondor
Reich der Mitte

Land/Ort	Lage	Größe	Bevölkerung	Wichtigste Stadt	Weitere Orte	Sehenswürdigkeiten
Gondor	Südöstlich von Rohan, westlich von Mordor	West-Ost-Ausdehnung 700 Meilen Nord-Süd-Ausdehnung rund 200 Meilen	Land der Menschen Zwerge, Elben und Hobbits Pferde-Herren aus der Provinz Calenardhon	Minas Tirith	Minas Morgul Osgiliath (zerstört), Pelargir	Grenzsteine von Argonath im Süden Strand von Anfalas Seehafen Dol Amroth mit Burg Weißes Gebirge

Gondor liegt zwar nicht in der Mitte von Mittelerde, stellt aber das wichtigste Reich von Mittelerde und damit dann doch das Zentrum der mit dieser Welt und ihren Kämpfen verbundenen Geschichten dar. In der von J. R. R. Tolkien im Rahmen seiner Erzählung geschaffenen Sprache Sindarin, die im ersten Zeitalter die Sprache der Grauelben gewesen sein soll, bedeutet Gondor »Steinland«. Auf Karten erscheint es von allen Seiten geschützt – wie ein Nest. Von hohen Gebirgen im Norden, den Weißen Bergen, die sich auf der Halbinsel Belfalas bis zum Meer herunterziehen, umgrenzt, im Westen von dem Fluss Lefnui und der Bergfront der Drúwaith Iaur geschützt, wird es im Süden und Südosten an einer langen Küstenstrecke vom Großen Ozean, dem Meer Belegaer, begrenzt. Im Osten ist es das sich in nordsüdlicher Richtung erstreckende Schattengebirge (Ephel Dúath), das zugleich die Grenze zum feindlichen Mordor markiert. Westlich davon ergießt sich, ebenfalls von Norden kommend, nach Süden hin Anduin, der große Strom, ins Meer, an dessen Ufer sich die fruchtbaren Landschaften Ithilien und Pelennor finden. In früheren Zeiten gehörte auch noch das sich jenseits des großen Stroms südöstlich anschließende Südgondor dazu, das nun aber zu den Zeiten, in denen die aktuelle Geschichte spielt, verlassen und zugleich doch zwischen Mordor und Gondor umstritten ist.

AUTOR

J. R.R. (John Ronald Reuel) Tolkien
englischer Philologe und Schriftsteller

* 3.1.1892 Bloemfontein, heute Südafrika

† 2.9.1973 Bournemouth, England

Kultautor der Fantasy-Literatur

Gondors Bedeutung besteht neben der zeitweiligen Macht seiner Herren aber auch in der Schönheit seiner Städte, insbesondere seiner ringförmig erbauten Hauptstadt Minas Tirith, in der Fruchtbarkeit seiner Landschaften, vor allem Ithiliens mit seinen grünen Wiesen und Feldern, und in der Faszination, die sowohl von den Weißen Bergen im Norden als auch von den Stränden und dem Meer im Süden ausgeht. Es ist eine Bilderbuchlandschaft, abwechslungsreich und pittoresk, mit einer ebenso spannenden wie teilweise auch gefahrenvollen Geschichte. Und natürlich spielen die Menschen und die ihnen zugetanen anderen Wesen eine große Rolle. Sie leiden und kämpfen für ihre Freiheit, sie leben in Furcht vor den bösen Feinden und den sie unterstützenden Monstern, und mit ihnen zittern Lesende und Zuschauer um den guten Ausgang der Geschichte.

Osgiliath und Minas Tirith: Alte und neue Zentren der Macht

Werk
Originaltitel
The Lord of the Rings
The Fellowship of the Ring (1954)
The Two Towers (1954)
The Return of the King (1954)
Deutsche Erstausgabe
Der Herr der Ringe
Die Gefährten (1969)
Die Zwei Türme (1970)
Die Rückkehr des Königs (1970)
Verfilmungen
1978 vom Zeichentrickfilmer Ralph Bakshi
2001–2003 von Peter Jackson

Gondor ist nicht nur zentraler Schauplatz der Kämpfe mit Sauron und den aus Mordor eindringenden Aggressoren zur Zeit der Suche nach den Ringen, sondern geht in seiner Geschichte weit in die alten Zeiten Mittelerdes und noch weiter bis in jene Zeit zurück, da die Menschen (Edain) noch auf der Insel Númenor lebten. Diese war ihnen in mythischen Zeiten als Dank dafür, dass sie den bedrängten Elben geholfen hatten, geschenkt worden. Nach dem Untergang ihres Reiches, den sie selbst verschuldet hatten, gelang es den wenigen treu gebliebenen Númenorern, nach Mittelerde auszuweichen, wo sie sich nunmehr Dúnedain nannten, das Reich von Gondor gründeten und um das Jahr 3320 des Zweiten Zeitalters (Z. Z.) die neu gegründete Stadt Osgiliath zu ihrer Hauptstadt machten.

Diese Stadt, auf beiden Seiten des Flusses Anduin gelegen, entwickelte sich auch aufgrund ihrer Hafenanlagen zu einem politisch wie wirtschaftlich mächtigen Zentrum und beeindruckte mit ihren Ringmauern und Brücken, Häfen und Türmen alle Besucher. Wahrzeichen der Stadt aber war der »Turm der Sternenkuppel«, in dem auch ein großer Palantír aufbewahrt wurde; bei den Palantíri, »sehenden Steinen«, handelte es sich um eine Art Bildschirme, über die weit entfernte Vorgänge angeschaut werden konnten und die auch Nachrichten übermittelten. Zunächst war Osgiliath auch Sitz der Könige von Gondor. In späterer Zeit aber wurde deren Herrschaft und damit auch die Stadt zunächst durch interne Streitigkeiten (sogenannter »Sippenstreit«) und Bürgerkrieg, dann durch den Einbruch der Pest im Jahr 1636 des Dritten Zeitalters und schließlich durch den Einfall der aus Mordor kommenden Orks zerstört.

Bereits im Jahre 1640 des Dritten Zeitalters war die Hauptstadt allerdings nach Minas Tirith, das ebenfalls am Anduin lag, verlegt worden. Nach dem Ende der Kö-

Weiße Berge
Drúwaith laur
Lefnui
Morthond
Ringló
Gilrain
Dol Amroth
Horn von Gondor
Pelargir
Anduin
Pelennor
Minas Morgul
vor 2002 D.Z.
Minas Ithil
Minas Tirith
☐ 1640 D.Z.
Osgiliath
☐ 3320 Z.Z.
■ 1636 D.Z.
Schattenberge
Ithilien
Südgondor
(strittig mit Mordor)
Belegaer Meer

nigsherrschaft übten dort die Truchsesse die Herrschaft bis zur ersehnten Wiederkehr eines neuen rechtmäßigen Königs aus. Dies erfolgte freilich erst ganz am Ende der von Tolkien erzählten Geschichte um den Besitz der drei Ringe. Nach der endgültigen Niederlage und Vernichtung Saurons im Ringkrieg konnte mit Aragorn II. erstmals wieder ein König aus der Linie der Númenor die Herrschaft über das Land Gondor antreten und es in eine gute Zukunft führen. Aragorn II. konnte dazu die alte Freundschaft mit den Elben wieder auffrischen, indem er mit Arwen – wie schon seine Vorfahren – eine Elbenprinzessin heiratete. Zwischen der Zeit aber des Verlusts der alten Herrschaft und dem Amtsantritt des neuen Königs liegen jene Geschehnisse und Verwicklungen des Ringkriegs, von denen Tolkiens Geschichte im Wesentlichen handelt.

Schreckensstädte und Tourismusattraktionen

Horn von Gondor
Das Horn von Gondor war das Zeichen der Truchsesse von Gondor. Das mit Silber verzierte Horn wurde immer von einem Erstgeborenen auf den nächsten übertragen; auf seinen Warnruf hin liefen die Freunde von Gondor zusammen.

Während seines von ihm gegen Gondor, die Menschen und ihre Verbündeten geführten Krieges konnten freilich Sauron, der Herrscher des Bösen, seine Ungeheuer und auch seine schrecklichen Verbündeten die Stadt gar nicht erobern, da Minas Tirith sich durch seine geografische Lage und seine Festungsbauten als uneinnehmbar erwies. Die Stadt ist in Ringwällen um einen Felsen erbaut, die sich nach oben turmartig verjüngen. Da sie aus weißen Steinen bestehen, wird die Stadt auch die »weiße Stadt« genannt. Auch das Wappenzeichen Gondors, der von den Elben geschenkte »weiße Baum«, steht innerhalb dieser Ringfestung nahe beim Springbrunnen auf dem höchsten Plateau, welches nur noch vom »weißen Turm« überragt wird.

Einen ganz anderen, dann auch in der Verfilmung des dritten Romanteils »Die Rückkehr des Königs« von Peter Jackson (2003) besonders hervorgehobenen Eindruck macht dagegen die als Gegenstück zur späteren Hauptstadt Minas Tirith angelegte Stadt Minas Morgul, die ebenfalls am Anduin liegt und zunächst nach der sie umgebenden, sehr fruchtbaren und schönen Landschaft Ithilien Minas Ithil hieß. Diese ebenfalls außerordentlich prachtvoll angelegte Stadt wird freilich im Jahr 2002 des Dritten Zeitalters von den Ringgeistern erobert, den Nazgûl, denen Sauron neun Ringe und eine damit verbundene Macht übertragen hat. Nunmehr wird die Stadt von ihnen in Minas Morgul umbenannt, sie wird zu einer Geister- und Gespensterstadt. Als schreckliche Monster und Gespenster tyrannisieren die Nazgûl in der Folgezeit das umliegende Ithilien, was dazu führt, dass seine Einwohner fliehen und die Landschaft verwüstet wird. Am Ringkrieg nehmen diese Monster natürlich auf Saurons Seite teil, wobei aber einer ihrer Führer, der Hexenkönig, schließlich zu Tode kommt. Nach Saurons und seiner Geister Niederlage wird die Stadt nicht wieder aufgebaut.

Als positive Gegenbilder zu dieser Schreckenslandschaft – zu Minas Morgul gehören auch ein Geistertal und eine Geisterstraße – gelten dagegen die Hafenstädte Pelargir mit seinem großen Binnenhafen am Anduin und Dol Amroth, eine Burg- und Hafenstadt, die im südwestlichen Gondor am Meer liegt. Schon aufgrund ihres Reichtums wird sie mehrfach von Korsaren überfallen; wegen ihrer malerischen Lage auf einer Halbinsel kann sie als Sehenswürdigkeit hervorgehoben werden. Dies gilt im Übrigen auch für die beiden Steinsäulen (»Argonath«), die auch die Tore von Argonath oder Säulen des Königs genannt werden. Sie stehen im Nordosten des Landes am Fluss Anduin und markierten einstmals die nördliche Grenze von Gondor. Ebenfalls am Anduin, zwischen Minas Tirith und Osgiliath liegt die Landschaft Pelennor, die allein schon wegen ihrer Fruchtbarkeit und Lieblichkeit berühmt ist. Im Kampf um die Ringe wurde sie zum Schauplatz der letzten großen Schlacht zwischen Mordor und Gondor, bei der – angesichts der ungleichen Ausgangslage überraschenderweise – das Böse besiegt und so – zumindest im Märchen – das Gute wieder in sein Recht eingesetzt wird.

Tolkien, ein Sprachwissenschaftler und Weltenbastler

Eines der Erfolgsgeheimnisse von Tolkiens Werk ist darin begründet, dass er anschaulich Traumwelten und wirkliche Welten, große Kämpfe und stilles Glück, nicht nur mischt, sondern die damit verbundenen Geschichten in eine mythische Struktur bringt. Lange vor dem Zeitalter der Computerspiele und des »Weltenbastelns« auf elektronischer Basis hat er mit akribischer Genauigkeit und reicher Fantasie nicht nur eine Erde, sondern ein ganzes Universum und dazu eine ganze Weltgeschichte dieses Universums entworfen. Exakt ausgestaltete Landschaften und Traumwelten sind dazu ebenso wichtig wie genau zusammengestellte Clan- und Familienverhältnisse. Zur detailgenauen Beschreibung von Gegenständen, Wohnverhältnissen und Stadtanlagen kommt die »Erfindung« von grammatikalisch-lexikalisch korrekt ausgearbeiteten Sprachfamilien und Symbolwelten hinzu, was dem Philologen Tolkien als Sprachwissenschaftler vermutlich großes Vergnügen bereitet hat.

Dazu hat er, anspruchsvollere PC-Spiele machen es nicht anders, auf Märchen, Mythen und eine Fülle von Abenteuerliteratur zurückgegriffen, auch auf Versatzstücke der Geschichtsphilosophie des 19. Jahrhunderts. Auf Niederlagen folgen Siege, Aufstiege und Untergänge von Reichen und Dynastien wechseln einander ab, am Ende aber treten – verjüngt und später geboren – erneut Figuren des Anfangs wieder auf: Auf Aragorn I. folgt, nachdem das Böse besiegt und die Guten (zumindest teilweise) gerettet sind, Aragorn II.; die Welt, die aus den Fugen war, kommt so wieder ins Lot.

Wappen von Gondor
Das Wappen von Gondor wird von einem weißen Baum auf schwarzem Grund, über dem sieben weiße Sterne kreisen, gebildet.

Insel der Flasche
Heimat des Orakels der Flasche

Land/Ort	Lage	Größe	Bevölkerung	Besucher	Weitere Orte	Sehenswürdigkeiten
Insel der Flasche	Im südlichen Meer	Besucher können zu Fuß vom Strand zum Tempel laufen; und zurück, selbst wenn sie dem Wein zugesprochen haben	Bakbuk (Priesterin des Tempels) Gefolge	Pantagruel, Panurge, Hans Hackepeter, Epistemon, Gymnast, Rhizotom, Eusthenes und der welterfahrene Xenomanes	Land der Fleischwürste Laterneninsel Bimmelinsel Würfelinsel Entelechien Land der Quintessenz	Zwei Brunnen im Inneren des Tempels Weinberg Verzierte Kuppeln Symbole und Bilder

Autor
François Rabelais
französischer Arzt, Schriftsteller und Humanist
* um 1494 La Devinière (bei Chinon)
† 9.4.1553 Paris
arbeitete sein Leben lang an seinem Hauptwerk, den fünf Büchern von Gargantua und Pantagruel, deren erster Band 1532 erschien

Es ist schon eine seltsame Gesellschaft, die sich da knapp zwei Generationen später als Kolumbus auf eine Reise übers Meer begibt, um endlich auf der gesuchten Insel vom Orakel der großen Flasche anzulanden. Ob es sich dabei um frühe Comicfiguren, antike Helden, fantastische Gestalten oder satirisch gezeichnete, mitunter ins Groteske gesteigerte Menschen wie Du und Ich handelt, muss offenbleiben. Auch der Grund der Reise, die Suche nach einer Antwort auf die Frage, ob es besser ist, zu heiraten oder nicht, scheint nur ein Vorwand dafür zu sein, die unwahrscheinlichsten, absonderlichsten und durchaus auch anstößigsten Geschichten und Bemerkungen zusammenzustellen. Aus ihnen entsteht so zum einen eine Abenteuer- und Seefahrergeschichte, zum anderen aber ein Gedanken- und Erzählabenteuer, das bis heute seine Leser und Verehrer ebenso sehr unterhält und amüsiert wie in kluger Weise zum Nachdenken, aber auch zur Lebensfreude motiviert. Dabei ist die Reisegruppe, so wie sie sich zu Beginn des vierten Buches, das erstmals 1548 beziehungsweise 1552 erschien, auf den Weg macht, gar nicht klein, sondern besteht aus einer Reihe von Gefolgsleuten, die so schöne und gelehrte Namen tragen wie Epistemon und Gymnast, Rhizotom und Eusthenes, aus deren Hofleuten und vielem Gefolge, wobei der weit gereiste Xenomanes noch besonders erwähnt wird, da er auf der Reise viele nützliche Dinge kennt. Berühmt ist seine Schilderung des unangenehmen Herrschers Fastenspeis auf der Insel Kümmerlich, dessen Gehirn, so Xenomanes im 30. Kapitel des IV. Buches, »an Größe, Farbe, Substanz und Lebenskraft dem linken Hoden einer männlichen Made glich«.

Hauptakteure sind freilich die Helden der schon in den vorausgegangenen drei Büchern geschilderten Geschichten und Abenteuer um die beiden Riesen Gargantua und Pantagruel, Vater und Sohn, deren Fressgelage und Trinkabenteuer ebenso ausführlich beschrieben werden wie ihre Bildungsgänge, Raufereien, Kriege und gelehrten Dispute. Überhaupt ist der universitäre, scholastische Rahmen und Hintergrund der Geschichten nicht zu übersehen, ebenso wenig deren Funktion als Studentenulk, Bildungssatire und Zotensammlung. Darüber hinaus geht es aber auch, ja wesentlich um die Vermittlung eines humanistischen Bildungsideals und Menschenbildes, wobei hier Lebensfreude und Humor, Lebensklugheit, Toleranz und Selbstbewusstsein im Zentrum stehen. Kritik der Intoleranz und das Verlachen jeglichen religiösen oder sonstigen Dogmatismus' kommen ebenfalls nicht zu kurz.

Pantagruel steht schon als Titelheld im Vordergrund und als Riese verfügt er über unstillbaren Durst und Hunger, übergroße Kräfte und eine entsprechende Vitalität; allerdings sind seine Mitreisenden nicht weniger bemerkenswert. Dies gilt insbesondere für seinen Freund und Zechkumpan Panurge, den Pantagruel bereits während seiner Studienjahre in Paris kennengelernt hat und »nie wieder von ihm lassen will«. Panurge ist dabei ein ebenso abenteuerlustiger wie heruntergekommener wandernder Scholar, der mindestens sieben Sprachen, darunter auch von ihm selbst erfundene, spricht und so klug ist, dass er in den erzählten Abenteuern eine ganze Reihe von Gelehrten, Richtern und anderen Vertretern der besseren Gesellschaft ausstechen und zum Teil auch der Lächerlichkeit preisgeben kann. Abgerundet wird diese Gruppe durch Bruder Hans Hackepeter (Frère Jean des Entommeures/der »Hackfleischmacher«), einen rauf- und lebenslustigen Mönch, und natürlich durch den Erzähler, der schon in seinen Leseranreden und Vorworten immer wieder eine Gemeinde von Zechbrüdern stiftet, die auch sonstigen Abenteuern und halbseidenen Unternehmungen nicht abgeneigt ist. Dementsprechend berichtet er auch von der Reise als jemand, der »dabei« war und alles aus erster Hand gehört und aus erster Reihe gesehen hat.

Eine Weltreise auf dem Papier

Auch wenn in diesen Geschichten die Aufregung über die kürzlich von Kolumbus entdeckten »Neuen Welten« und – für Frankreich maßgeblich – die zeitgenössischen Reisen des Kanada-Entdeckers Jacques Cartier, der zwischen 1534 und 1542 dreimal an die Küste des heutigen Quebec reiste, eine wichtige Vorlage bildeten, so sind Rabelais'

Werk
Originaltitel
1. Buch: Les horribles et espoventables faictz et prouesses du tresrenomme Pantagruel Roy de Dipsodes, filz du grand geant Gargantua, Composez nouvellement par maistre Alcofrybas Nasier, 1532
2. Buch: Gargantua. La vie inestimable du grand Gargantua, pere de Pantagruel, iadis composee par L'abstracteur de quinte essence. Livre plain de pantagruelisme, 1534
3. Buch: Tiers livre des faictz et dictz heroiques du noble Pantagruel, 1546
4. Buch: Le quart livre des faictz et dictz heroiques du noble Pantagruel, 1552
5. Buch: L'Isle sonante, 1562, 1564 unter dem Titel: Le cinquiesme et dernier livre des faicts et dicts heroiques du bon Pantagruel
Alle fünf Bücher erschienen später unter dem Titel: Gargantua et Pantagruel
Deutsche Erstausgabe
Affenteurliche und Ungeheurliche Geschichtsschrift Vom Leben, rhaten und Thaten der for langen weilen Vollenwolbeschraiten Helden und Herren Grandgusier, Gargantua, und Pantagruel Königen inn Utopien und Ninenreich (Übersetzung des 1. Buches von Johann Fischart, 1575).
Weitere Übersetzungen
Gargantua und Pantagruel. Mit Illustrationen von Gustave Doré. 2 Bände (1982)
Gargantua und Pantagruel. 2 Bände (1986)

Reisegeschichten doch ebenso sehr Reisen auf dem Papier und im Land der Fantasien wie die von Karl May. Wobei sich bei Rabelais antike Überlieferungen mit Märchenmotiven überlagern, des Weiteren kommen sprachspielerische und satirische Verfremdungen der vom Autor selbst in seinen Studienjahren erfahrenen Bildungsgüter hinzu, nicht zuletzt grobianische und makkaronische Elemente, die eben in der Zeit des Humanismus von Gelehrten dazu genutzt wurden, um die herkömmlichen Bildungsvorgaben ins Lächerliche zu ziehen, zugleich aber auch, um die Lust am Selbstdenken und an der Suche nach neuen Impulsen zu wecken. Dass daneben Essen und Trinken, das Interesse an den Ausscheidungen und nicht zuletzt an der Zeugungskraft im Mittelpunkt vieler Geschichten stehen, kann neben der darin zum Ausdruck kommenden Lebensfreude auch so verstanden werden, dass hier in einem neuzeitlichen Verständnis Individualität und Leiblichkeit in den Vordergrund gerückt werden.

Dazu gehört dann auch die Freude an Verfremdungen und Verballhornungen der Sprache, an skurrilen und grotesken Szenen und Figuren, die Vorstellung absonderlicher und zum Teil durchaus kindlich-kindischer Welten, wie sie insbesondere auf den Inseln gefunden werden, die die Reisenden auf ihrer Reise zur Insel der großen Flasche besuchen. Das sind zum Beispiel die Inseln der Plattnasen und das Teppichland, aber auch das Land der Fleischwürste und die Laterneninsel, von der aus die Reisenden dann endlich – allerdings erst im fünften Buch, das nach Rabelais' Tod erschien und möglicherweise von einem anderen Autor weitergeführt wurde – Zugang zur lang gesuchten Flascheninsel finden. Geführt von einer Laterne nähern sich die Reisenden vom Strand her dem Tempel des Orakels der Flasche.

Die Umgebung deutet schon darauf hin, dass es bei der Suche nach Erkenntnis, ja nach der Weisheit, die solche Grundfragen des Lebens beantworten will wie die, ob es sich lohnt, zu heiraten, nicht ohne geistige Getränke geht. Die Reisenden durchschreiten zunächst einen Weinberg, der vom Weingott Bacchus selbst angelegt wurde und in dem immer Blätter, Blüten und Früchte zugleich vorhanden sind. Es folgen mehrere Torbögen, ein Laubengang, und wie in anderen Initiationsriten müssen sich die Reisenden auch hier einem Ritual unterziehen, das unter anderem fordert, dass sie ihre Schuhe mit Weinlaub auslegen, um so zu zeigen, dass sie den Wein »mit Füßen treten« – ob sie ihn damit verachten oder keltern, mag den Lesern überlassen bleiben. Immerhin dürfen sie dann den Weg in den unter der Erde gelegenen Tempel antreten und die 78 Stufen hinabsteigen. Dort stehen für sie einige Wunderwerke bereit: ein Tor, dessen Flügel sich von selbst öffnen, ein prachtvoller Tempel mit wundervollen Mosaiken, die unter anderem Bacchus' Sieg über die Inder und einen täuschend realistischen Waldboden mit vielen Tieren zeigen, ein märchenhafter Brunnen, der dazu noch über die zauberische Eigenschaft verfügt, dass das Wasser, das aus ihm getrunken wird, für jeden nach dem Wein schmeckt, den er sich gerade vorstellt. Schließlich tref-

×78
Insel der Plattnasen
Land der Fleischwürste
Laternenland
Teppichland

fen sie die Priesterin Bakbuk, die Panurge erlaubt, die Antwort der Flasche auf seine Frage entgegenzunehmen, allerdings darf er sie nur mit einem Ohr hören. Die Antwort selbst ist klar und rätselhaft genug: »Trink«, was die Priesterin zunächst ganz wörtlich auslegt, in dem sie Panurg eine Flasche reicht. Dann aber gibt sie den ebenso wichtigen Rat, mit dem dann auch die Leser des Buches entlassen werden und die Reisenden in Richtung Heimat aufbrechen: Ihr müsst Euch eure Pläne schon selbst machen! Das Motto der Abtei von Thelema, die am Ende des ersten Buches von »Gargantua und Pantagruel« als eine vorbildliche Lehr- und Bildungsanstalt eingerichtet wird, lautet »Tu, was du willst«. Als Ordensregel gilt hier das Gegenteil von allen anderen, auch dies eine Absage an jeden Dogmatismus und eine, vielleicht durchaus fromme, Würdigung des einzelnen Menschen und seiner Besonderheit als Gottes Ebenbild.

Rabelais und seine Welt

Gargantua und Pantagruel
Immer wieder haben die Geschichten um die beiden Riesen Gargantua und Pantagruel auch wegen der vielen komischen, skurrilen und fantastischen Bezüge die Illustratoren gereizt; zu den berühmtesten gehören die Illustrationen von Gustave Doré

Rabelais steht mit seinen Büchern am Beginn der Neuzeit. Die alten (und sehr alten) Glaubenssysteme stehen infrage, die Reformation hat gerade erst begonnen, die Entdeckung neuer Welten zeichnet sich am Horizont ab. In dieser Situation schreibt er ein Buch, zunächst eine Parodie auf zeitgenössische Unterhaltungsliteratur, Romane von Rittern und Riesen, von fantastischen Reisen und Fantasiewelten, wie sie in dieser Zeit auf den Jahrmärkten in Ostfrankreich angeboten wurden. Auch Rabelais schreibt über Riesen und fantastische Abenteuer, nutzt diese Stoffe aber dazu, die Freiheit und die Individualität der einzelnen Menschen zu feiern. Selbstdenken, Humor bis hin zur Zote und die Orientierung an der auch grotesken Erscheinung der menschlichen Leiblichkeit und allen damit verbundenen »Geschäften« machen dabei einen Reiz der Texte aus, der sich so auch aus Rabelais' Sprachspielen und Späßen herleitet.

Den Namen Pantagruel hat Rabelais aus einem älteren Text übernommen; dort hieß ein kleiner Teufel so, der Menschen während ihres Schlafes Salz in den Mund streute, sodass sie bereits beim Erwachen Durst verspürten. In einem außerordentlich lesenswerten Buch hat der russische Literaturwissenschaftler Michail Bachtin am Beispiel der Geschichten, die Rabelais von seinen Riesen und deren Begleitern erzählt, die Grundzüge einer Literatur des Karnevals beschrieben; zumindest zeitweise brauchen Menschen und Gesellschaften Räume, Erfahrungen und Bilder, in denen die bestehende Ordnung umgeworfen wird und die Suche nach Neuem beginnen kann.

Lilliput
Heimat der kleinsten Leute

Land/Ort	Lage	Größe	Bevölkerung	Wichtigste Stadt	Weitere Orte	Sehenswürdigkeiten
Lilliput	Insel im Südostpazifik, in der Nähe des 30. Breitengrades	Umfang 5000 Blustrugs (lilliputanische Messeinheit), das sind 12 Meilen oder 19,3 km	Volk der Lilliputaner	Hauptstadt Mildendo 500000 Einwohner	Plips Wiggywack Tottenham Allenbeck	Kaiserlicher Palast Belfaborac Kathedrale von Plips (war Lemuel Gulliver nicht bekannt)

Natürlich geht es immer auch noch kleiner (oder größer). Der Wechsel der Sichtweisen, das Umdrehen eines Fernrohrs führen zu unerwarteten, irritierenden Perspektiven, und es ist kein Wunder, dass sich gerade im Jahrhundert der Aufklärung viele dafür interessierten, was denn der Blick auf die Menschheit, auf bestimmte Gesellschaften, auf die eigenen Verhältnisse von außen, von oben oder unten zum Vorschein bringen würde. Entsprechend groß war das Interesse an Reiseberichten, auch wenn die darin berichteten Vorgänge manchmal weit ins Reich der Fantasie ausgriffen, Märchenmotive und Schreckgestalten aufnahmen und diese einem zunächst ganz europäischen Lesepublikum näherbrachten. Jonathan Swift hat in seiner Geschichte von den Weltreisen des Wundarztes und späteren Kapitäns Lemuel Gulliver, die er zu Beginn des 18. Jahrhunderts veröffentlichte, auf solche Reiseberichte Bezug genommen. Dies tat er allerdings weniger der Spannung oder allein der Unterhaltung zuliebe, sondern eher wegen des experimentellen Charakters der Texte. Swift, der sich neben seinen kirchlichen Ämtern und seiner schriftstellerischen Tätigkeit auch politisch in den Parteienkämpfen im England und Irland dieser Zeit engagierte, ging es um eine Art anthropologischer Studie. Er möchte zeigen, was die »Natur« der Menschen ausmacht, und er verbindet damit die Frage nach den Möglichkeiten der Verbesserung der Menschen und ihrer Verhältnisse.

Autor

Jonathan Swift
irischer Schriftsteller, Dekan von St. Patricks in Dublin
* 30.11.1667 Dublin
† 19.10.1745 Dublin
scharfzüngiger Satiriker, schrieb mit »Gullivers Reisen« eines der bekanntesten Bücher der Welt

WERK (AUSWAHL)
Originaltitel
A tale of a tub, 1704
Journal to Stella, entstanden 1710–13, erste vollständige Ausgabe 1784
Travels into Several Remote Nations of the World. By Lemuel Gulliver, First a Surgeon, and Then a Captain of Several Ships, 1726
A modest proposal ..., 1729
Gullivers Reisen
mehrfach als Kinderbuch bearbeitet, u.a. 1939 von Erich Kästner
in viele Sprachen übersetzt
Musical (mit Mike d'Abo und anderen, 2001)
Verfilmungen
Herr der drei Welten (Regie: Jack Sher, 1960)
als Zeichentrickfilm »Gulliver's Travels« (1939)
»Gullivers Reisen – Da kommt was Großes auf uns zu« (Regie: Rob Letterman, 2010).

In dieser Hinsicht erscheinen seine beiden Länder, die einander irgendwo im südostpazifischen Ozean gegenüberliegenden Inseln Lilliput und Blefuscu und die beide von winzig kleinen Menschen bewohnt werden, wie eine Art Labor, in dem mit quasi mikroskopischem Blick die Natur der Menschen beobachtet und erkundet wird. Swifts Blick ist dabei kein freundlicher und auch die Ergebnisse seiner Beobachtungen, die in späterer Zeit als Beispiele eines zeitgemäßen Menschenhasses gesehen werden, sind es nicht. Zwar sind die Verhältnisse oft ganz verschieden, aber bei den Riesen ebenso wie bei den Zwergen, als die hier die Liliputaner in Erscheinung treten, finden sich neben bewundernswerten Ansätzen zu einer vernünftigen Gesellschaft auch Ansatzpunkte des Verderbens, der Bosheit und der Gemeinheit, sodass der gestrandete Schiffsarzt am Ende aus Lilliput fliehen und den zumindest vorläufigen Schutz ihrer Feinde suchen muss. Im Vordergrund, und so schon durch die Größenverhältnisse ins Bild gesetzt, steht die Relativität der Verhältnisse. Zugleich aber schützt auch die beste Kindererziehung nicht vor späterer Korruption, sind die weisesten Gelehrten und klügsten Leute nicht vor Intrigen und Dummheit, Begierden und Leidenschaften sicher. Im Konkreten führt dies immer wieder zu Enttäuschungen, und der wirklich Kluge, so scheint es Swift seinen Lesern am Ende nahe zu legen, ist derjenige, der Menschen mit Vorsicht und Abstand wahrnimmt und sich in einer Art stoischer Gelassenheit, ja Gleichgültigkeit einrichtet.

Ein kleiner Staat für kleine Leute

Als Lemuel Gulliver nach seinem Schiffbruch am Strande einer kleinen unbekannten Insel aufwacht, bemerkt er als Erstes, dass er gefesselt ist. Stimmen dringen auf ihn ein, ohne dass er die Sprecher verstehen oder gar die Zusammenhänge erkennen kann. Bald darauf wird ihm klar, dass er sich in einem Reich winzig kleiner Leute befindet. Die Menschen, die ihn gefangen genommen haben, ihn dann aber versorgen und ihm später auch die Freiheit wiederschenken, sind in etwa 12 bis 15 Zentimeter groß und auch alle anderen Erscheinungen auf dieser Insel, Bäume und Tiere, Wohnungen und Paläste, Dörfer, Straßen und Schiffe sind maßstabgerecht ebenso klein: es handelt sich um ein Spielzeugland.

Im Zentrum der Insel liegt die Hauptstadt Mildendo, die nach dem Muster absolutistischer Hauptstädte Europas angelegt ist. Quadratisch gebaut und von einer für die Verhältnisse Lilliputs gigantischen Mauer umgeben – immerhin sind die Mauern so dick, dass auf ihr auch Pferdekutschen fahren können. Fünfhunderttausend Menschen sollen in ihr wohnen, und die beiden großen Straßen, die sich in der Mitte der Stadt kreuzen und so vier gleich große Stadtteile begrenzen, sind immerhin fünf Fuß,

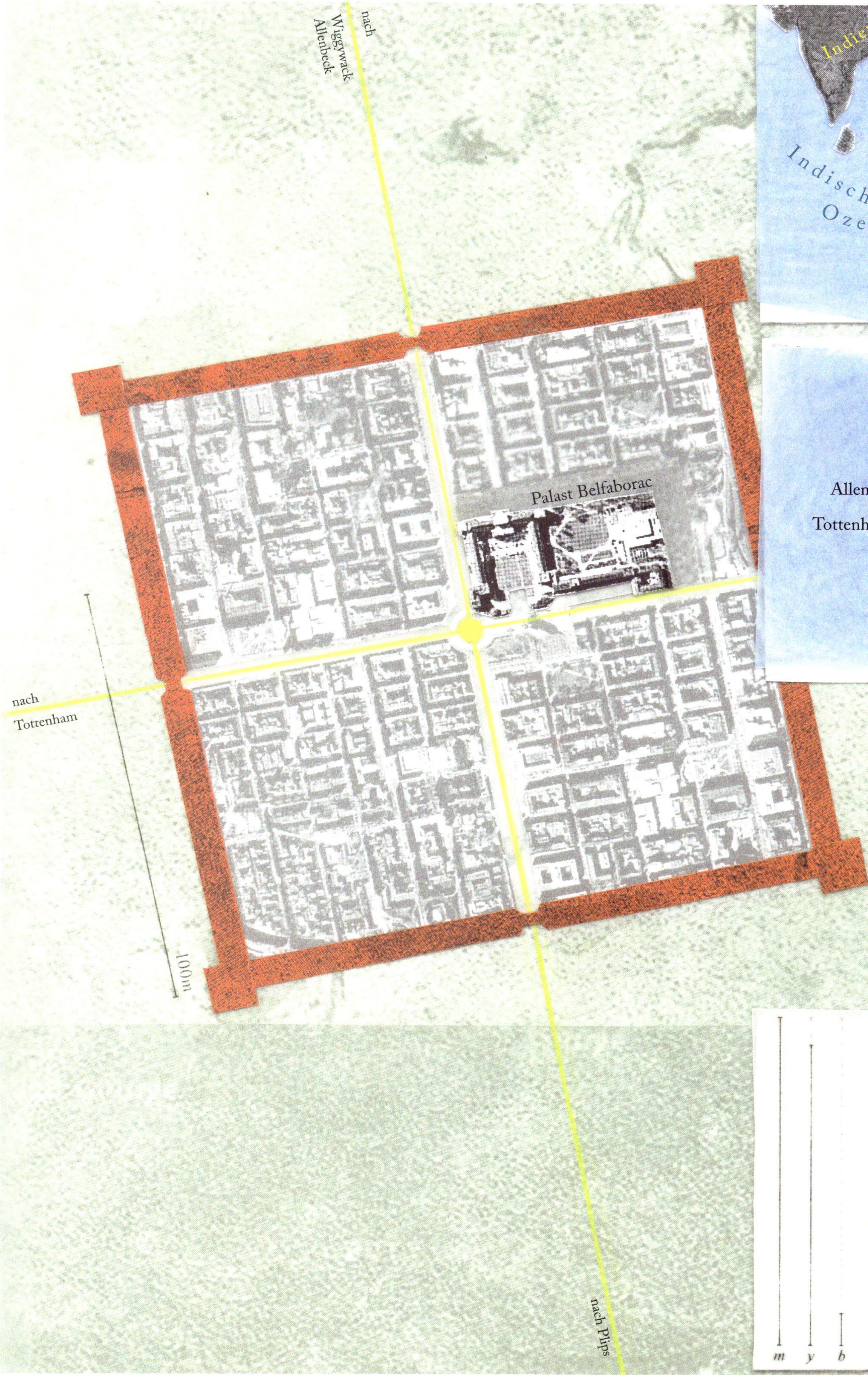

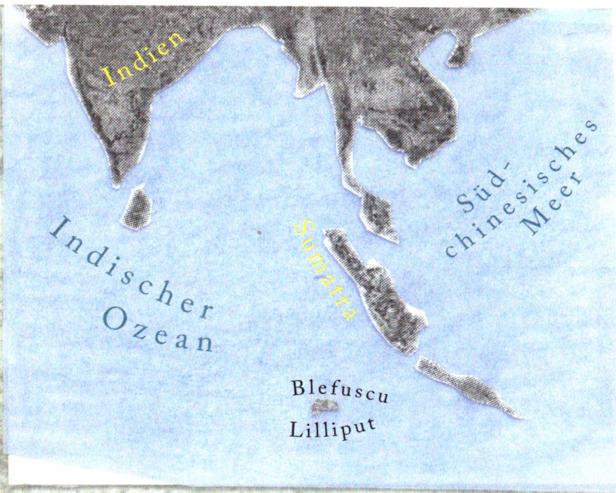

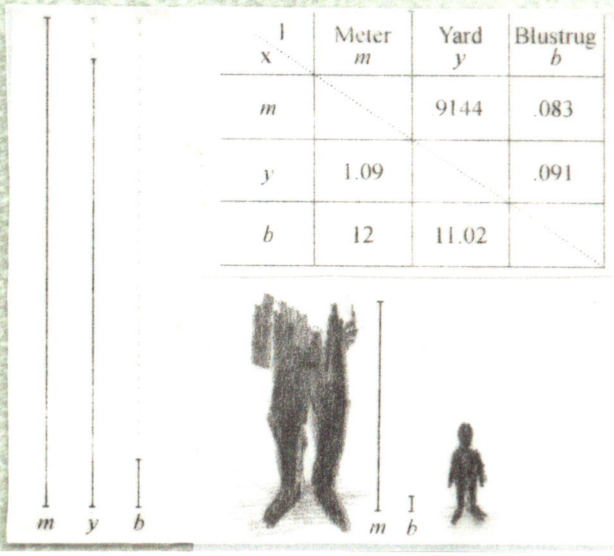

l / x	Meter *m*	Yard *y*	Blustrug *b*
m		9144	.083
y	1.09		.091
b	12	11.02	

also doch 1,50 Meter breit. Die Länge der Stadtmauer beträgt insgesamt 4 × 150 Meter, sie umschließt somit eine Gesamtfläche von 22500m², das heißt, die Stadtanlage ist ungefähr doppelt so groß wie ein großes Fußballfeld. In der Mitte der Stadt, die ihren Besucher ansonsten durch ihre Geschäfte, ein üppiges Warenangebot und auch die offensichtlich herrschende gute Ordnung beeindruckt, liegt der kaiserliche Palast, der wiederum aus verschiedenen Gebäuden, Höfen und Parks besteht.

Gulliver kann diese Anlagen allerdings nur mit äußerster Vorsicht inspizieren, da er aufgrund seiner Größe und der damit verbundenen Unbeholfenheit im Umgang mit dieser kleinen Welt sonst Gefahr läuft, jemanden zu verletzen, Gebäude zu zertreten oder Mauern umzustürzen. Vorläufig wird ihm der größte Tempel der Stadt als Wohnung angeboten, in die er wie in eine Hundehütte kriechen muss. Möchte ihm jemand etwas mitteilen, muss er den Lilliputaner in seine Hand nehmen oder an sein Ohr setzten, damit er sich ihm, nachdem Gulliver die Sprache recht bald gelernt hat, verständlich machen kann. Dass es sich um ein Land in der Größe von Puppenhäusern oder Spielzeuglandschaften handelt, wird besonders anschaulich, wenn Gulliver später den berühmten und sehenswerten kaiserlichen Palast besichtigt, indem er mithilfe eines aus den größten Bäumen des kaiserlichen Besitzes gezimmerten Schemels über die knapp kniehohen Mauern und Gebäude steigt, um in die Innenhöfe und Wohnungen zu schauen. Allerdings, auch dies liegt Swift am Herzen, ist dieser Unterschied in den Größenordnungen eigentlich auch schon alles, was die Lilliputaner von den Europäern tatsächlich unterscheidet.

Eine Inselgesellschaft wie zu Hause

Denn auch in anderer Hinsicht macht Lilliput vor allem den Eindruck eines nach damaligen europäischen Maßstäben modernen Staatswesens. Der Kaiser herrscht mit absoluter Machtfülle, er ist dabei – wie auch die zeitgenössischen europäischen Herrscher – von seinem Hofstaat und seinen Beratern abhängig. Intrigen und Etikette spielen ebenso wie in Europa eine wichtige Rolle, und dies gilt auch für die Wirtschaftspolitik, den Ausbau des Landes und die Außenpolitik, sodass Swift in seinen Beschreibungen eine ganze Menge aktueller und traditioneller Fürsten- und Hofkritik unterbringen kann. Ein stehendes Heer will unterhalten sein und braucht zu seiner Rechtfertigung einen Feind, der sich in der immerwährenden Feindschaft mit den Bewohnern der Nachbarinsel Blefuscu auch gefunden hat. Das Leben in Lilliput ist also gar nicht anders als zu Hause, nur eben im Maßstab 1:12 verkleinert.

Anthropologisches Labor
Der Experimentcharakter der Berichte von Gullivers Reisen wird auch in den weiteren Kapiteln des Buches deutlich: Die Reise nach Brobdingnag führt in ein Land der Riesen; Laputa, eine Wolkeninsel bietet eine satirisch-groteske Einführung in die Welt der Wissenschaft und Forschung, und die Houyhnhnms stellen eine Rasse edler Pferde dar, die den Menschen ein Vorbild sein könnte.

Aber natürlich gibt es hier wie überall auch andere Gebräuche und Sitten. Gulliver berichtet von eigenartigen Begräbnisriten und den unterschiedlichen Spielen, die jedoch dann auch wieder an die den Europäern bekannten Verhaltensweisen erinnern. Denn auch in Lilliput geht es, beim populären Seiltanzen ebenso wie beim Springen über Hürden oder dem Kriechen unter Stöcken, darum, der Beste zu sein. Und wer dies ist, besonders die »besten Kriecher«, haben auch sonst die besten Chancen, eigene Interessen zu verfolgen, Ämter und Anerkennung zu erringen, soziale Beziehungen zu knüpfen und natürlich die eigenen Schäfchen ins Trockene zu bringen. In merkwürdiger Weise erscheinen in dieser der Größe nach verfremdeten Welt auch bekannte Laster. Denn auch in Lilliput gibt es Eifersucht und Neid, Hass und Intrige, Eitelkeit und Schmeichlertum, die Bereitschaft zum Mord und zum Bürgerkrieg. Daneben existieren allerdings auch die Tugenden der Wahrhaftigkeit und der Aufrichtigkeit. Betrug gilt deshalb als ein weit schlimmeres Verbrechen als Diebstahl.

Die Darstellung der gesellschaftlichen Verhältnisse Lilliputs selbst bleibt freilich uneindeutig, nicht zuletzt weil sie darauf zielt, unterschiedliche Verhältnisse in Europa zu kritisieren. Höfische Korruption tritt neben persönlichen Lastern wie der Eitelkeit oder der Prunksucht in den Blick. Maßgeblich ist aber, dass Swift vor dem Hintergrund der vor allem aus religiösen oder konfessionellen Motiven geführten Bürgerkriege des 17. Jahrhunderts den Streit entsprechender Gruppen um Symbole und Lehrsätze karikiert und kritisiert, über deren Wahrheitsgehalt oder Wirklichkeitsbezug niemand etwas wissen kann. So wird die Gesellschaft Lilliputs zum einen von der Konkurrenz zwischen denjenigen, die einen hohen Absatz tragen – den Tramecksan – und denjenigen, die niedrige Absätze bevorzugen – den Slamecksan – in Spannung gehalten und mitunter an den Rand eines Bürgerkriegs getrieben. Zum anderen gibt es – wie im zeitgenössischen Europa – auf Glaubensüberzeugungen beruhende Auseinandersetzungen zwischen der einen Partei, die die gekochten Eier am dickeren Ende aufschlagen will, und der anderen, die dafür eintritt, die Eier von ihrem schlankeren Ende her zu öffnen.

Dass sich in Swifts Darstellung Anspielungen auf europäische Konflikte um Glaubensfragen, etwa um die Vorgänge bei der Eucharistie zwischen Katholiken und Protestanten, wiederfinden lassen, ist offensichtlich. Auch gibt es zahlreiche Anspielungen auf die Bürgerkriege, Intrigen und kriegerischen Auseinandersetzungen zwischen den europäischen Staaten des 17. und frühen 18. Jahrhunderts. Im Spiegel der kleinen Leute von Lilliput kommen die großen Fragen nach der Vernunft des Menschen, nach seinen Fähigkeiten, mit anderen in einer Gemeinschaft zu leben, nach den Gefährdungen dieses Zusammenlebens in einer Art und Weise zum Vorschein, die uns auch heute noch äußerst aktuell vorkommt und uns deshalb irritieren kann.

YAHOO

Ursprünglich ein Wort aus der Sprache der Houyhnhnms, der edelen Pferde, für die als Dienstboten und Lasttiere benutzten Menschen. Das gleichnamige Internetunternehmen leitet sich dem eigenen Bekunden nach aber von dem Slogan »Yet Another Hierarchical Officious Oracle« ab.

Lummerland
»Ungefähr doppelt so groß wie unsere Wohnung«

Land/Ort	Lage	Größe	Bevölkerung	Wichtigste Orte	Weitere Orte	Sehenswürdigkeiten
Lummerland	Insel im großen Ozean	Um 200 m^2, zweimal so groß wie unsere Wohnung	Vor der Ankunft von Jim Knopf vier Personen und die Lokomotive Emma Herr Ärmel Frau Waas Lukas König	Küche von Frau Waas chinesischer Kaiserhof Führerstand der Lokomotive Emma	Schloss Bahnhof Laden von Frau Waas Tunnel	Emma, die Lokomotive ihre Tochter, die kleine Lokomotive Molly Herrn Ärmels Bilder und sein Fotoapparat Telefon im Königspalast

AUTOR
Michael Ende
deutscher Schriftsteller
* 12.11.1929 Garmisch-Partenkirchen
† 28.8.1995 Filderstadt
Endes teils vom Surrealismus, teils von der Romantik inspirierte Kinder- und Jugendbücher sind aus keiner Bibliothek wegzudenken

In Lummerland, so heißt es am Anfang des Bandes über die »Wilde 13«, der von der Jagd auf diese Piratenbande berichtet, herrscht meistens schönes Wetter. Aber auch wenn es regnet, wie es an dieser Stelle einmal gerade der Fall ist, lassen sich die Bewohner ihre gute Laune und ihren Lebensmut nicht nehmen. Gerade sitzen sie zusammen in der gemütlichen Küche von Frau Waas, als es plötzlich draußen rumst. Lukas und Jim sind sofort zur Stelle. Trotz Regen und Nacht heißt ihre Reaktion: »Komm mit! Wir sehen mal nach.« Auch sonst sind es Tatkraft, Entschlossenheit, vor allem aber auch Neugier und Offenheit, Mitgefühl und die Fähigkeit, sich ebenso klug wie humorvoll gegen drohende Gefahren zu behaupten, die die Beiden während ihrer Abenteuer begleiten und die sie am Ende erfolgreich und glücklich werden lassen.

Auch wenn König Alfons der Viertel-vor-Zwölfte, der seit seiner Geburt um Viertel vor zwölf in Lummerland herrscht, und ein chinesischer Kaiser die Koordinaten dieser Welt repräsentieren, sind es doch die kleinen Leute, die den Ton angeben. Sie verfügen über praktischen Lebensmut und Herzensgüte wie Frau Waas, die unbedingte Treuherzigkeit von Herrn Ärmel, dessen Hobby neben dem Spazierengehen das Fotografieren ist, oder die etwas verschusselte Unschuld von König Alfons, dessen Lieblingsbeschäftigung das Telefonieren darstellt. Legendär seine Meldung am Telefon »Hallo, hier ist falsch verbunden«. Immerhin wird er später vielfach die Gelegenheit nutzen können, sich telefonisch mit dem chinesischen Kaiserhof in Verbindung zu setzen und die gemeinsamen Sommerferien des späteren Königssohns Jim mit der chinesischen Kaiserprinzessin Li Si zu vereinbaren. Im Zentrum aber stehen der Humor, der Mut, die Erfindungsgabe und die Umsicht von Lukas und Jim Knopf. Hinzu kommen ihr hellwaches und entschiedenes Eintreten für Recht und Gerechtigkeit, die in der Welt von Lummerland tatsächlich verwirklicht werden können. Einer Welt, deren genaue Lage schon deshalb nicht verraten werden soll, weil die Bewohner gerne ihre Lebensfreude in Ruhe und Abgeschiedenheit behalten möchten.

EINE INSEL MIT ZWEI BERGEN

Lummerland, das zunächst klein und unscheinbar, ja alltäglich und vielleicht sogar ein bisschen langweilig wirkt, ist größer und bedeutender als es erst einmal den Anschein hat. Am Anfang jedenfalls ist es sogar gut überschaubar, was auch in der Fernsehfassung der Augsburger Puppenkiste zu sehen ist, die den Geschichten um Jim Knopf, den Lokomotivführer Lukas und seine schnaufende Lokomotive Emma seit den 1960er-Jahren den eigentlichen Durchbruch brachte. In den inzwischen zum Kult gewordenen Folgen der Augsburger Puppenkiste sind nicht nur die Fäden der Puppen gut zu sehen. In der Trickanimation wölben sich die Folien, wenn das Meer stürmt, und die Spielzeuggleise, auf denen Emma ihre Runden dreht, erinnern stark an jene Modelleisenbahnen, die seit den 1950er-Jahren immer mehr Wohnzimmer eroberten und auch Vaterherzen höher schlagen ließen.

Lummerland selbst stellt eine solche Modelleisenbahnlandschaft dar. Die Insel besteht aus zwei Bergen, einem kleineren und einem größeren, die von fünf Tunneln durchstoßen werden, sodass Lukas und seine Lok ordentlich unterwegs sind, wenn sie ihre Kreise ziehen. Mitunter pfeifen sie auch zweistimmig, wenn sie – wie meistens – guter Dinge sind. Wie in den Landschaften, die wir von den Modelleisenbahnern kennen, gibt es auch in Lummerland einige Wege und Brücken. Die Welt erscheint wie aus einer Vogelperspektive: klein, putzig, idyllisch und nicht gefährlich. Diese Welt, so haben wir als Betrachter das Gefühl, steht uns offen. Dazu gehören dann auch noch ein paar Häuser, das Schloss des Königs auf einer Anhöhe und natürlich ein Bahnhof, denn eine Bahnlinie ohne Bahnhof wäre genauso unsinnig wie ein Lokführer ohne Lok, womit sich die Frage, warum eine so kleine Insel mit so wenigen Einwohnern überhaupt eine Eisenbahnstrecke braucht, von selbst erledigt.

WERKE (AUSWAHL)
Jim Knopf und Lukas der Lokomotivführer, 1960
Jim Knopf und die Wilde 13, 1962
Momo, 1973
Die unendliche Geschichte, 1979
Norbert Nackendick oder das nackte Nashorn, 1984
Der satanarchäolügenialkohöllische Wunschpunsch, 1989
Der lange Weg nach Santa Cruz, 1992
Verfilmungen
Jim Knopf und Lukas der Lokomotivführer (Augsburger Puppenkiste), 1961; in Farbe 1977
Jim Knopf und die Wilde 13 (Augsburger Puppenkiste), 1962; in Farbe 1978
Die unendliche Geschichte (Regie: Wolfgang Petersen, 1984)
Momo (Regie: Johannes Schaaf, 1986)

Der Einbruch der Geschichte

Lebenskunst in Lummerland
Friedhelm Moser: Jim Knopf und die sieben Weisen. Philosophische Einführung in den Lummerländischen Lokomotivismus (1996)

Ein Paket, das aufgrund eines Schreibfehlers falsch zugestellt wurde, enthält Jim, einen kleinen schwarzen Jungen, den alle lieb gewinnen. Und als sich die Insel für einen heranwachsenden Jugendlichen als zu klein erweist, verlässt Lukas mit ihm das Land. Sie gehen auf große Fahrt, gelangen nach China und von dort aus in die Drachenstadt Kummerland, wo sie Kinder aus den Fängen des bösen Drachen Frau Mahlzahn befreien. Hätten die Wilden 13 nicht eine solche Sauklaue gehabt, dass der Briefträger bei der Adresse anstelle von Kummerland Lummerland gelesen hatte, wäre auch Jim in den Klauen des Drachen gelandet.

Im Laufe der Geschichte machen aber nicht nur die Bösen eine Wandlung zum Guten durch. Aus dem bösen Drachen Frau Mahlzahn wird der Goldene Drache der Weisheit. Die Wilden 13 müssen erkennen, dass sie in Wirklichkeit nur zwölf sind. Denn neben dem Schreiben waren sie auch wohl im Zählen nicht ganz so firm. Nachdem aber der Irrtum erkannt ist, können sie die braven »Zwölf Unbesiegbaren« werden, die sich fortan unter der Führung ihres Herren Jim Knopf für das Gute in der Welt einsetzen. Denn auch Jim Knopf bleibt nicht, was er war, sondern erfährt im weiteren Verlauf der Geschichten des zweiten Bandes, dass er als Prinz Myrrhen, letzter Nachfahre des legendären Königs Kaspar, zum Herrscher eines neuen Riesenreiches bestimmt ist, das früher einmal Jamballa hieß, nun aber seinem neuen Herrn gemäß in Jimballa umbenannt wird. Dazu muss das von den Piraten besetzte »Land, das nicht sein darf« freilich untergehen, wodurch auf der anderen Seite der Welt das zuvor untergegangene Reich von Jamballa wieder auftauchen kann. Dabei zeigt sich, dass das bisherige Lummerland nur die Spitze eben dieses Kontinents war, dessen größerer Teil seit Menschengedenken unter der Wasseroberfläche lag und nun in seinem ganzen Glanz, mit bunten Felsen aus Edelsteinen und einer prachtvollen, allerdings halbverfallenen Stadt vor ihnen liegt. Jim wird hier mit seiner Verlobten, der chinesischen Kaisertochter Li Si und mit den Familien aller anderen Kinder, die er zuvor zusammen mit Lukas aus der Stadt der bösen Drachen befreit hat, wohnen. Alle werden im Einvernehmen mit den schon bekannten Bewohnern Lummerlands so lange friedlich und in Freundschaft leben, wie es ihnen das Glück beschieden hat.

Vom Umgang mit Piraten und Drachen, den eigenen Ängsten und unbekannten Welten

Allerdings haben Jim Knopfs und Lukas' Reisen, die in Lummerland beginnen und dort auch ihr glückliches Ende finden, mehr zu bieten als eine Kindergeschichte mit rührendem Happy End. Dass Mut und Entschlusskraft, aber auch Freundlichkeit und

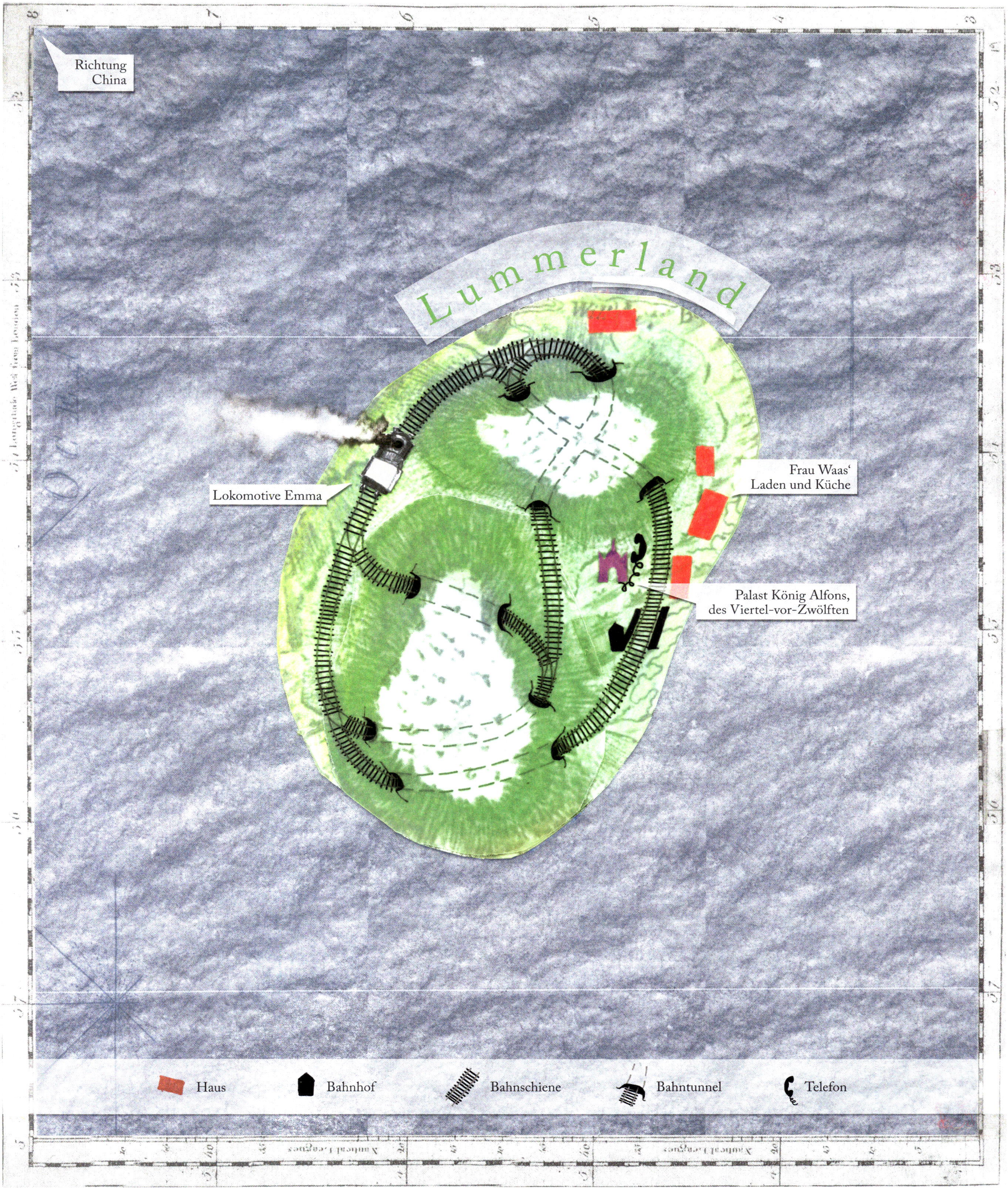
Richtung China
Lummerland
Lokomotive Emma
Frau Waas' Laden und Küche
Palast König Alfons, des Viertel-vor-Zwölften
Haus
Bahnhof
Bahnschiene
Bahntunnel
Telefon

www

www.ende.phil-fak.uni-duesseldorf.de/ bietet weitere Informationen zu dem Projekt »Von Lummerland bis Phantásien«

Offenheit gute Reisebegleiter sind, können die Freunde bereits auf ihrer ersten Reise, die sie an den chinesischen Königshof führt, erkennen. Auch, dass man sich von Autoritäten und Verwaltungen nicht einschüchtern lassen soll. Dass viele Dinge beim genaueren Hinschauen anders sind, als sie beim ersten Eindruck scheinen, und dass es sich immer wieder lohnt, hilfsbereit zu sein, für die Sorgen der anderen ein offenes Ohr zu haben, gehört ebenfalls zu den auf diesen Reisen gemachten Erfahrungen. Jeder verdient es, mit Respekt behandelt zu werden. Ja, selbst die Drachen, zu deren eigenem Wesen zunächst einmal ihr Bösesein gehört, warten ja nur darauf, dass sie zum Guten geführt werden. Entsprechend heißt es schon in ihrem Lied: »In der Stadt der Drachen hihi haha hoho, da gibt es nichts zu lachen … wir müssen nämlich böse sein … bis jemand kommt, uns zu befrein.« Dazu bedarf es Muts, den Lukas und Jim in großem Maße haben, aber auch der Fähigkeit zum Mitleid.

Als sie das erste Mal auf den schon von Ferne schrecklich groß erscheinenden Scheinriesen treffen, kann Jim vor Angst kaum mehr sprechen. Aber, so vertritt es Lukas, Größe des Gegners allein muss zunächst gar kein Grund sein, sich zu fürchten. Lukas' Reaktion »Der arme Kerl … Ich werde ihm mal winken …« führt dagegen zur Annäherung und es stellt sich heraus, dass der schreckliche Fremde beim Näherkommen immer kleiner wird, bis der Scheinriese, Herr Tur Tur, in der Nähe so groß ist wie jeder andere auch und seinerseits vor Angst zittert. Michael Ende hat damit eine Art Modell nicht nur für den Umgang mit Fremdheit beschrieben, sondern in gewissem Sinn sogar eine Erklärung für Fremdenfurcht und für deren Abbau gegeben: Je unvertrauter etwas ist, desto gefährlicher erscheint es, je näher wir mit etwas oder jemandem umgehen, desto vertrauter und uns ähnlicher kann es oder er erscheinen.

Die Antwort des Halbdrachen Nepomuk, dessen Vulkan Lukas und Jim reparieren können, auf Jims Frage: »Wie sehen denn eigentlich reinrassige Drachen aus?« – »Ach, ganz verschieden« ist die vielleicht beste Antwort auf jene Hirngespinste, mit denen sich Rasse-Konstruktionen und ihre Konstrukteure beschäftigen. Und schließlich werden auch die Piraten nicht vernichtet, sondern haben eine eigene Funktion für das Zustandekommen einer friedlichen und freundlichen Welt in einem Kinderland, von dem auch Erwachsene noch etwas lernen und sich bewahren können.

Mahagonny
»Show me the way to the next whisky bar«

Land/Ort	Lage	Größe	Bevölkerung	Wichtigste Stadt	Weitere Orte	Sehenswürdigkeiten
Mahagonny	Stadt an der Nordwestküste Amerikas	Zeitweise eine Großstadt mit den Konjunkturen schwankt die Bevölkerungszahl	Wie Las Vegas eine halbe Million Einwohner Spekulanten Tagediebe Prostituierte Geschäftemacher aller Art Kriminelle Vergnügungssüchtige	Mahagonny, auch wenn die Stadt dem Untergang entgegengeht	Nachbarstadt Atsena Nachbarstadt Pensacola; beide werden zuerst vom Hurrikan überrollt	Hotel Zum Reichen Manne Whisky-Bar

Von Amerika, von den USA und ihren großen Städten, ging schon in den 1920er-Jahren eine starke Faszination aus, die damals auch bei linken, marxistisch ausgerichteten Künstlern und Intellektuellen Anklang fand. Immerhin hatten ja auch Karl Marx und Friedrich Engels, hatte der Marxismus den im 19. Jahrhundert heraufziehenden und sich weltweit ausbreitenden Kapitalismus nicht nur verdammt, sondern in seiner ganzen Zwielichtigkeit und Doppelbödigkeit beschrieben, ja in seiner Produktivität sogar gefeiert. Keine Gesellschaft zuvor hatte mit solcher Macht die Natur verändert, auch die Menschen in ihren Bann gezogen, eine solche überwältigende Menge an Produkten und Konsummöglichkeiten geschaffen wie die auf dem freien Fluss des Geldes beruhenden und an der Produktion von Kapital durch Kapital ausgerichteten Marktgesellschaften des Westens. Als Vorreiter dieser modernen und bald auch supermodernen Industriegesellschaften galten schon seit den 1920er-Jahren die USA. Hatte Heinrich Heine bereits im 19. Jahrhundert davon gesprochen, Kolumbus habe eine »Neue Welt« aus dem Ozean gezogen, so bezogen sich die von den USA im 20. Jahrhundert ausgehenden Neuerungen nicht nur auf Technik und Wirtschaft, sondern auch auf die bislang vorhandenen Wertvorstellungen und Gesellschaftsmodelle. Massenlenkung und Massenunterhaltung, vor allem aber die durchgehende Orientierung an einem Verwertungsstandpunkt, der auch vor den Menschen

AUTOR

Bertolt (Bert) Brecht
deutscher Schriftsteller und Theaterautor
* 10. 2. 1898 Augsburg
† 14. 8. 1956 Berlin (Ost)
gilt als wichtigster und provokativster deutscher Theaterautor der ersten Hälfte des 20. Jahrhunderts

selbst nicht haltmachte, fanden hier ihre erste und bis heute nachhaltigste Ausformung.

Der Kapitalismus, so heißt es schon im »Kommunistischen Manifest« von 1848, reduziert die menschlichen Beziehungen auf Barzahlung, und die (nicht nur) marxistische Kritik entzündete sich an der offensichtlich rücksichtslosen Ausbeutung des Menschen durch die Menschen. Upton Sinclairs oder John Steinbecks Romane und Erzählungen, die aus den großen Fleischfabriken Chicagos beziehungsweise vom Elend der Wanderarbeiter im Südwesten der USA berichteten und großen Anklang fanden, informierten schon seit den 1920er-Jahren ein europäisches Publikum über die Zukunft einer am bloßen Marktwert orientierten Gesellschaft. Allerdings blieb dabei die Frage offen – und bis heute unbeantwortet –, warum die Menschen sich und anderen genau dies antun, etwas, das sie selbst nicht wollen können und bei dem doch alle – mitunter sogar begeistert – mitmachen. Gerade für die Gier nach Geld und Gold, für das unbedingte Streben nach sinnlicher Befriedigung und grenzenlosem Vergnügen, schienen die aus den USA nach Europa ausstrahlenden Ereignisse ein instruktives Beispiel zu sein. Nicht zuletzt deshalb verlegte Bertolt Brecht den Schauplatz seiner Geschichte über den Aufstieg und den Niedergang einer Stadt, in der Geld und Vergnügen alles, Menschlichkeit und Menschsein dagegen nichts zählen und in der auf Geldmangel die Todesstrafe steht, in die neue Welt, in die Vereinigten Staaten von Amerika.

Die »Netzestadt«

Werk (Auswahl)
Originaltitel
Baal, 1922, Uraufführung 1923
Im Dickicht der Städte, 1927, Uraufführung 1923
Mann ist Mann, 1927, Uraufführung 1926
Bertolt Brechts Hauspostille, 1926/27
Die Dreigroschenoper, 1928, Uraufführung 1928
Aufstieg und Fall der Stadt Mahagonny, 1929, Uraufführung 1930
Mutter Courage und ihre Kinder, 1949, Uraufführung 1941
Leben des Galilei, 1948, Uraufführung 1943

Schon in der zweiten Hälfte des 19. Jahrhunderts hatten verschiedene Goldfunde in Nordamerika, aber auch in Australien und in Südafrika für Massenaufbrüche, hysterische Reaktionen und weltweite Wanderungsbewegungen gesorgt. Nicht zuletzt war es die inzwischen verbesserte Nachrichtentechnik, die dafür sorgte, dass der Goldrausch am Klondike in Alaska, der 1896/98 seinen Höhepunkt erreichte, auch in Europa wahrgenommen wurde. Er war bereits 1925 die Vorlage für Charlie Chaplins Film »The Gold Rush« gewesen und stand nun Pate für Brechts Anlage der Stadt Mahagonny. Als weiteres Muster ist Las Vegas erkennbar. Die zunächst nach 1850 als Missionsstation gegründete Siedlung wurde 1905 an eine Gruppe von Investoren und Spekulanten verkauft. Im Laufe der folgenden Jahre entwickelte sie sich dann zu jener Stadt, die seit der Freigabe des Glückspiels in Nevada im Jahr 1931 als Synonym für grenzenloses Gewinnstreben, Unterhaltung um jeden Preis sowie für schamlose Vergnügungssucht steht.

In Brechts Darstellung der Stadt bleiben Natur- und Gesellschaftsverhältnisse auf uneinsichtige Weise ineinander verwoben. Denn trotz aller Macht des Kapitals bleibt auch die Macht der Natur nicht nur ungebrochen, sondern sie steigert in Form

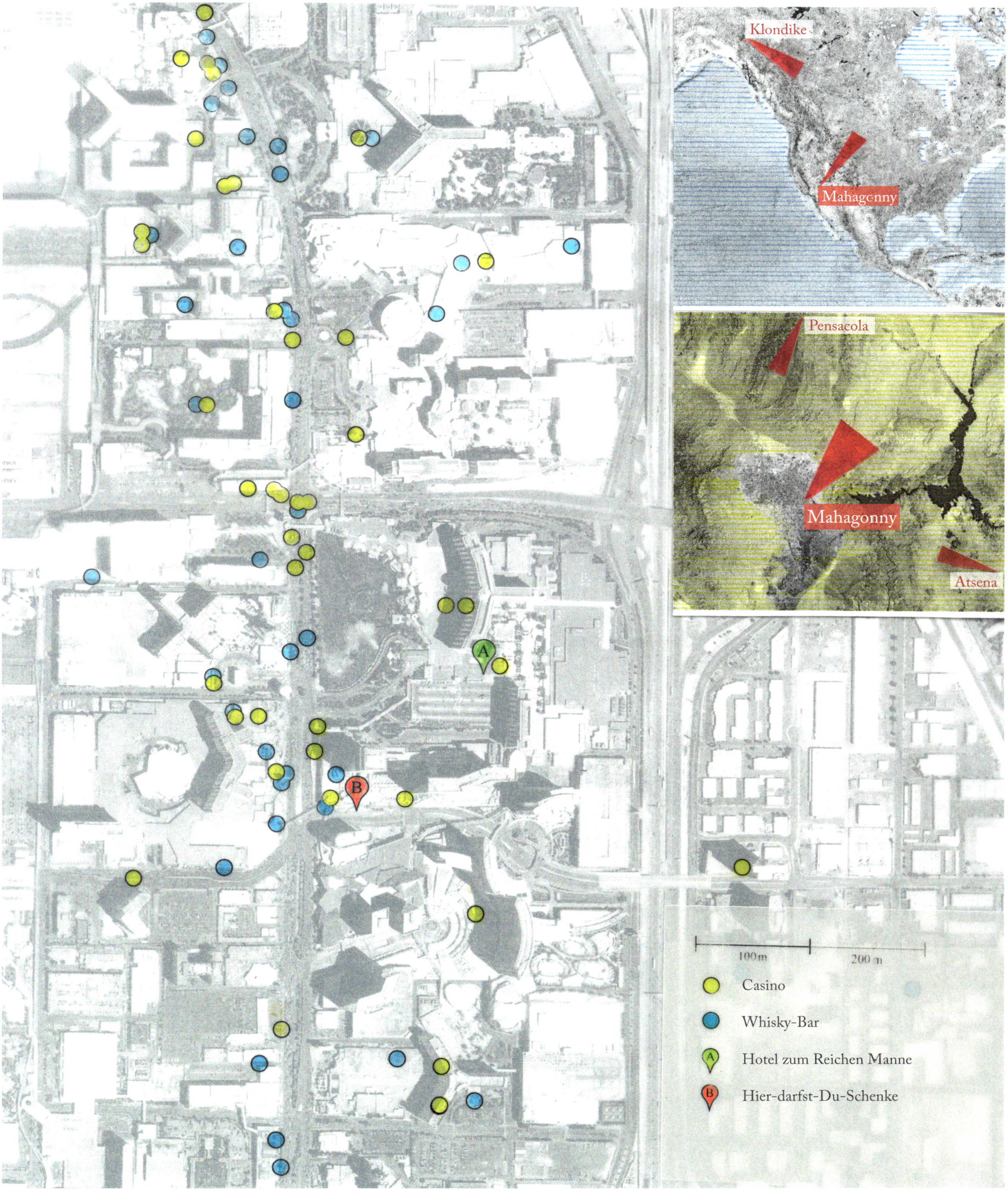
Klondike
Mahagonny
Pensacola
Mahagonny
Atsena
100 m
200 m
Casino
Whisky-Bar
A
Hotel zum Reichen Manne
B
Hier-darfst-Du-Schenke

Komponist
Kurt Weill
deutscher Musiker und Komponist
* 2.3.1900 Dessau
† 3.4.1950 New York
schrieb auch die Musik für »Die Dreigroschenoper«
Songs (Auswahl)
Die Seeräuber-Jenny
Die Moritat von Mackie Messer
Kanonen-Song
Zuhälterballade

eines die Stadt bedrohenden Hurrikans die Zerstörungskräfte der Menschen und der von ihnen freigesetzten Marktkräfte noch einmal wesentlich. Klar ist, dass es in dieser Art der Verbindung von Naturgewalten mit den destruktiven Fähigkeiten des Menschen zu keinem guten Ende kommen kann. Für die Deutung, zumindest die Illustration des Geschehens macht Brecht deshalb auch Anleihen bei älteren Berichten von Städten, die dem Untergang geweiht sind oder scheinen: Sodom und Gomorrha treten ebenso in den Blick wie die beiden vom Satan beherrschten Völker Gog und Magog, die in der Apokalypse des Johannes eine Rolle spielen.

Brecht zieht die moralisch zu deutenden oder apokalyptisch geschilderten Ereignisse allerdings auf den Alltag von Kriminellen, Prostituierten und von ihren eigenen Begierden getriebenen Wanderarbeitern herunter. Das halbkriminelle und auch ansonsten zwielichtige Milieu der Unterhaltungsindustrie und der Spekulanten scheint überhaupt die Sphäre zu sein, die den Bedürfnissen des Menschen am ehesten entspricht: Drei von der Polizei verfolgte Verbrecher müssen auf dem Weg zu den Goldfeldern Alaskas am Rande der Wüste haltmachen, da ihr Wagen dort eine Panne hat. Da sie weder zurückkönnen noch tatsächlich als Goldsucher arbeiten wollen – »Es ist eine schlimme Arbeit, und wir können nicht arbeiten« – beschließen sie, an dieser Stelle der Einöde eine Goldstadt zu gründen, eine »Netzestadt! Sie soll sein wie ein Netz, das für die essbaren Vögel gestellt wird. Überall gibt es Mühe und Arbeit/ Aber hier gibt es Spaß. Denn es ist die Wollust der Männer/ Nicht zu leiden und alles zu dürfen.« Zunächst wird es eine Erfolgsgeschichte. Männer kommen von überall her, nicht nur von den Goldfeldern, sondern auch aus den Metropolen der Industriestaaten, um sich in den Bars und Bordellen Mahagonnys zu amüsieren und dort ihr Geld zu lassen.

Von der Unbelehrbarkeit der Menschen

Uraufführung
Die erste Aufführung der Oper am 9.3.1930 geriet zu einem gewollten Theaterskandal. »Ein würdiger Herr ... hatte seinen Schlüsselbund gezogen und kämpfte ... Seine Frau verließ ihn nicht ... Die Dame hatte zwei dicke Finger in den Mund gesteckt, ...- die Backen aufgeblasen ... Ein Anblick, grässlich und gemein ...« notierte ein Beobachter.

Aber natürlich muss auch das Laster geregelt werden, auch Sünden haben ihren Preis. So werden im Laufe der Zeit auch die Vergnügungen zur Routine und die Zustände der Ekstase verlieren als Dauer- und Sonderangebote ihren Reiz. Dies müssen auch der Holzfäller Paul Ackermann und seine Kameraden erfahren, die aus Alaskas Wäldern in den Dschungel »grenzenlosen« Vergnügens gekommen sind, Frauen und Getränke erworben haben, nun aber, enttäuscht über die Belanglosigkeit die Stadt wieder verlassen wollen. In diesem Moment der Krise tritt die Natur selbst in Erscheinung. Ein Hurrikan droht. Mehrere Nachbarstädte sind bereits hinweggefegt. Angesichts der inzwischen schleppenden Geschäfte und des heranziehenden Untergangs heben die Besitzer der Stadt alle noch vorhandenen Grenzen auf: Nunmehr ist alles erlaubt, es werden

Wettbewerbsveranstaltungen im Fressen und Saufen, in der Liebe und im Kämpfen angeboten. Für Geld sind Mord und Totschlag und alle anderen Perversionen – zunächst für eine Nacht und bis zum Untergang – im Angebot. Der Untergang jedoch bleibt aus, die Attraktionen aber bleiben bestehen, allerdings nur für diejenigen, die Geld haben. Als Paul Ackermann das Geld ausgeht, ist dies in der »Ordnung« Mahagonnys ein todeswürdiges Verbrechen, das mit Ackermanns Hinrichtung geahndet wird. Ackermann selbst sieht sein Fehlverhalten sogar ein, denn weder er noch sonst jemand kann an den Verhältnissen etwas ändern, und offensichtlich sind die Menschen auch weiterhin eher ihren Begierden hörig als in der Lage, irgendeiner vernünftigen Stimme zu folgen. Zumindest in Mahagonny bleiben die Menschen unbelehrt und unbelehrbar.

Zum Ende hin wird die Stadt von Demonstrationszügen erschüttert, in denen die Macht der Stärkeren, der Kampf aller gegen alle, die Unverantwortlichkeit des Eigentums, die Käuflichkeit der Liebe und die ungleiche Verteilung der menschlichen Güter als Ziele gemeinsamen Handelns lauthals gefordert werden. Dass auf diesen Forderungen keine stabile, schon gar keine humane Ordnung gebaut werden kann, bleibt den Menschen verschlossen, und es ist durchaus fraglich, ob – nach den Finanzkrisen der letzten Jahre, für deren Beschreibung ebenfalls gerne Naturmetaphern wie Welle, Flut oder Hurrikan verwendet werden – in gegenwärtigen Zeiten mehr Lernbereitschaft besteht. In Mahagonny gibt jedenfalls auch nach den Stürmen die Ignoranz eines einfachen »Weiter so!« den Ton an. Die mehrfach während der Massendemonstrationen vorgetragenen Forderungen nach dem Fortbestand eines »goldenen Zeitalters« reiner Profit- und Vergnügungsgier geht mit dem abschließenden Befund absoluter Ratlosigkeit einher: »Können uns und euch und niemand helfen«, ohne dass dies als Widerspruch oder Niederlage des Denkens gesehen wird.

»Konkurrenzverhalten auf den Finanzmärkten«, so der Berliner Kulturhistoriker Joseph Vogl in einer zu Beginn des Jahres 2011 veröffentlichten Studie, » … führt eben nicht automatisch Gemeinwohl herbei. Ein interessantes Geschäftsmodell ist kein hilfreiches soziales Programm …«. In Mahagonny wurde dies nicht erkannt und niemand wollte es erkennen. Ob wir es besser verstehen, muss an dieser Stelle offenbleiben.

ALABAMA SONG

Nachdem der »Alabama Song« mit der Zeile »show me the way to the next whisky bar … oh, don't ask why« schon in den 1960er-Jahren von der amerikanischen Band »The Doors« aufgenommen war, gehört er heute ins Repertoire der Pop-Musik; David Bowie, Gianna Nannini und Sting nahmen jeweils eigene Versionen dieses Titels auf.

Metropolis
Stadt der Maschinenmenschen

Land/Ort	Lage	Größe	Bevölkerung	Wichtigste Plätze	Weitere Orte	Sehenswürdigkeiten
Metropolis	Irgendwo im Norden der »westlichen Welt«, nahe am Meer	Ähnlich wie New York, rund 800 km² Fläche	Eine unüberschaubare Menge von Menschen; New York hatte Ende der 1920er-Jahre knapp 7 Millionen Einwohner	Klub der Söhne Maschinenhallen Oberstadt Unterstadt Katakomben	Büro des Vaters Erfinderwerkstatt Nachtklub Yoshiwara	Dom Neuer Turm Babel Wolkenkratzer Ewige Gärten Straßenanlagen

Autor/Regisseur
Fritz Lang
österreichisch-deutsch-amerikanischer Filmregisseur
* 5.12.1890 Wien
† 2.8.1976 Beverly Hills, Kalifornien
maßgeblicher Regisseur der Stumm- und frühen Tonfilmzeit

Thea von Harbou
* 27.12.1888 Tauperlitz, heute zu Döhlau, Oberfranken
† 1.7.1954 Berlin
Unterhaltungsschriftstellerin und Drehbuchautorin
neben »Metropolis« schrieb sie auch die Drehbücher zu Langs Filmen »Dr. Mabuse, der Spieler«, »Die Nibelungen« und »M – Eine Stadt sucht einen Mörder«

Auch wenn viele im Lärm und Staub zu ersticken drohen, haben Weltstädte noch immer einen guten Nimbus. Neben dem Garten des Paradieses stellen große Städte wohl seit dem Auftreten der frühen Hochkulturen Orte dar, die Fantasien anregen und zugleich Schreckenserfahrungen bebildern können. Dies gilt schon für die Städte des Zweistromlandes und natürlich für Babylon, das seit seiner Schilderung im Alten Testament und dann auch in der christlichen Überlieferung als Ort einer unüberschaubaren Pracht und Machtentfaltung, aber auch der Sünde und des Untergangs bekannt ist. Schon in diesen frühen Zeiten heben sich Städte dadurch vom Land ab, dass sie eine Mauer haben, vielfach aus Stein bestehen, in der Regel um ein Haus Gottes, einen Tempel, herum gebaut sind und zumeist auch über einen Marktplatz verfügen. Es sind die Städte, die als Verwaltungs- und Herrschaftszentren, als Zentren der Kultur und als Ansammlung prachtvoller, gleichsam von Göttern geschaffener Bauten in Erscheinung treten, die entsprechende Bewunderung erfahren und damit zugleich auch die Sehnsucht der Landbewohner wecken. Gleichzeitig sind sie aber auch als Orte der Entfremdung und Vermassung Gegenstand der Kritik. Die »Hure Babylon« gilt als ebenso von Gott verlassen wie die Städte Sodom und Gomorrha. Auch das im Meer versinkende Atlantis eignet sich immer wieder als Symbol einer dem Untergang geweihten Kultur. Städte, auch dies ist schon von Alters her vertraut, treten nicht nur als Muster sozialer Ordnung und Organisation in den Vordergrund. Sie sind auch Orte der Vereinsamung, der Vermassung und eines Lebens im Zwielicht. Die Megastadt als Symbol menschlicher Gesellschaft und die Metropole, die Stadt als Mittelpunkt der Welt, gehören zu jenen Leitmetaphern, die die Kulturgeschichte von den frühen Hochkulturen an begleitet und besonders in der Moderne noch einmal an Bedeutung gewonnen haben.

Maschinen und Massenwahn

Die Einwohnerzahl der Stadt New York, eines der Vorbilder für den 1925/26 von Fritz Lang gedrehten Film »Metropolis«, verzehnfachte sich zwischen 1850 und 1930 von rund 700000 auf sieben Millionen. Und spätestens nachdem um 1900 die ersten Wolkenkratzer die Skyline moderner Großstädte bestimmten und zugleich das außerordentlich dichte Zusammenleben von Tausenden von Menschen auf wenigen Quadratmetern ermöglichten, lässt sich die moderne Großstadt auch als Sinnbild für Gefahren, Zumutungen und Konflikte interpretieren.

Das Drehbuch zu »Metropolis« schrieb Fritz Langs damalige Ehefrau Thea von Harbou, die auch den gleichnamigen Roman geschrieben hat. Im Film setzt Lang die Klassenkonflikte der modernen Industriegesellschaft im Spiegel der von einem Industrietycoon beherrschten Weltstadt deutlich in Szene, verbindet diese aber zugleich mit populären Vorurteilen, volkskulturellen Überlieferungen und metaphysisch, auch pseudoreligiös aufgeladenen Symbolen. Dadurch lassen sich neben zeitgenössischen gesellschaftlichen Problemen, wie beispielsweise den Fragen nach Ausbeutung und Klassenkampf, auch moralische Fragen und endzeitliche Erwartungen ansprechen, vor allem aber groß angelegte Bilder inszenieren, die bis heute einen Teil der Wirkungsgeschichte des Films ausmachen.

Werk (Auswahl) von Fritz Lang

Originaltitel

Der müde Tod (1921)
Dr. Mabuse, der Spieler (1922)
Die Nibelungen (1924)
Metropolis (1927)
M – Eine Stadt sucht einen Mörder (1931)
The Return of Frank James (1940)
Man Hunt (1941)
The Big Heat (1953)
Der Tiger von Eschnapur (1959)

Oberstadt und Unterwelt

In der im Film entworfenen Welt geht es vor allem um Macht und Reichtum, zu deren Gunsten Menschen eingesetzt und verbraucht, Gefühle inszeniert und auch das Wissen und die Schönheit der Menschen instrumentalisiert werden. Einer Welt der Schönen und Reichen, die ihre Tage in unbeschwerter Lebensfreude bei Sport und Unterhaltung im »Klub der Söhne« oder bei den Freuden der Liebe in den »Ewigen Gärten«, auch im berüchtigten Nachtklub »Yoshiwara«, in Luxus und Müßiggang verbringen, steht das Schicksal einer Masse von Menschen in unterirdischen Fabrikhallen entgegen. Dort fristen sie ein Leben in Armut und Arbeitszwang ohne Hoffnung auf Veränderung. Ihnen steht in Gestalt Johann Fredersens und seiner Helfer und Vorarbeiter ein einziger, scheinbar allmächtiger Herr gegenüber, der seine Stadt fest im Griff hat. Eine Stadt, die vormals von den Arbeitern erbaut wurde und die ohne sie nicht existieren könnte.

Die Stadt selbst ist dabei von den Spitzen der Wolkenkratzer bis hinab in die tiefsten Keller und Höhlen in Hunderte von Ebenen gegliedert, die zwar durch Aufzüge und Treppengebäude miteinander verbunden sind, deren Zugangsmöglichkeiten jedoch streng begrenzt sind. Im Großen und Ganzen lassen sich vier verschiedene Welten unterscheiden: Die Oberstadt mit ihren Wolkenkratzern, die in einen offenen, meist sehr schönen Himmel ragen, der auch die Gärten, Sportanlagen, Straßen, Plätze sowie eine weiter in der Ferne erscheinende Umgebung, auch das Meer, überspannt. Darunter befinden sich die mit elektronischen Überwachungseinrichtungen ausgestatteten und nur durch Schornsteine und Dampfsirenen miteinander verbundenen Maschinenhallen. In ihnen verrichten die Arbeiter in einer an Folter- und Kreuzigungsszenen erinnernden Weise ihre Arbeit. Nach Schichtende schleppen sie sich in die unter den Maschinenhallen liegenden tristen Wohnsiedlungen zurück. Noch tiefer schließlich findet sich eine Welt der Höhlen und Katakomben, die wohl an die Anfänge der Stadt erinnern. Dort, ganz unten, formiert sich dann auch der Widerstand der Arbeiter.

Klare Fronten und die Sehnsucht nach einem »Mittler«

Immerhin ist es dann doch die Liebe, die zwischen Ober- und Unterwelt eine Verbindung schafft. Freder, der jugendliche Sohn Johann Fredersens, trifft auf Maria, eine irrtümlich aus der Unterwelt aufgetauchte Arbeiterin. Und es ist Liebe auf den ersten Blick. Sie führt ihn in die Unterwelt und bewegt ihn später auch dazu, als »Mittler« aufzutreten. So wird Freder zur Erlöserfigur, die die Trennung der Welten aufhebt und die Klassen versöhnt.

Neben dieser zunächst ebenso tragischen wie dann empfindsamen Liebesgeschichte lebt der Film von einer ganzen Reihe starker Bilder. Von Szenen, die an die Welt des Unbewussten, der Träume, auch der Kollektivsymbole anknüpfen: Maschinenhallen und Wassermassen, Roboter und Hexenjagden, Scheiterhaufen und zu rettende Kinderscharen stehen neben apokalyptischen Predigten und hedonistischen Nachtklubszenen. Es gibt machtversessene Technokraten, einen wahnwitzigen Wissenschaftler (*mad scientist*), einen Vater-Sohn-Konflikt, Massenwahn und Erlösungssehnsucht sowie Treue und Verrat. Dem aufopferungsbereiten jugendlichen Helden entspricht eine bis zur Heiligen verklärte jugendliche und Kinder liebende schöne Arbeiterin.

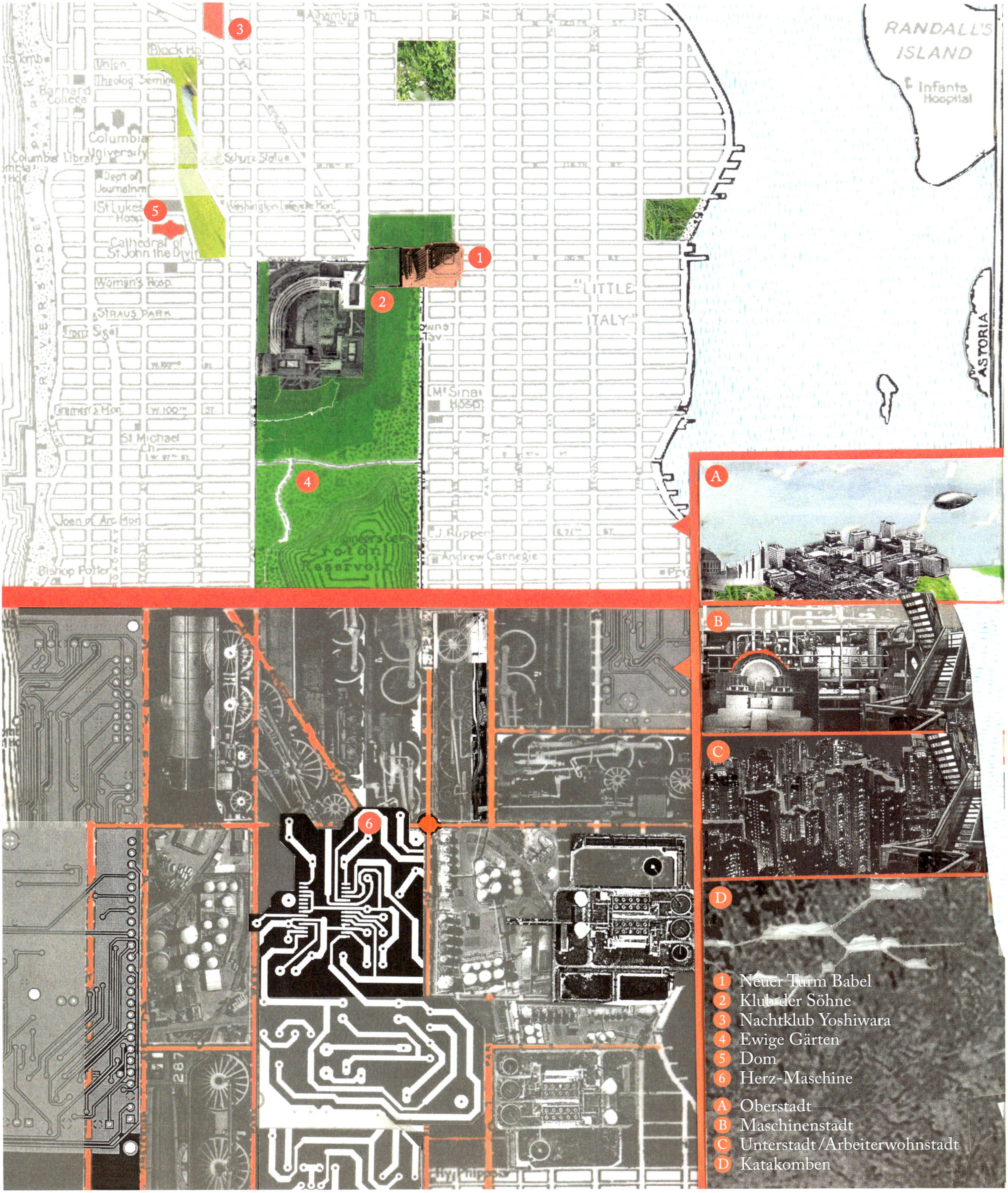
RANDALL'S ISLAND
Infants Hospital
ASTORIA
"LITTLE ITALY"
Columbia University
Barnard College
St Lukes Hosp
Cathedral of St John the Divine
Woman's Hosp
STRAUS PARK
Mt Sinai Hosp
Andrew Carnegie
1 Neuer Turm Babel
2 Klub der Söhne
3 Nachtklub Yoshiwara
4 Ewige Gärten
5 Dom
6 Herz-Maschine
A Oberstadt
B Maschinenstadt
C Unterstadt/Arbeiterwohnstadt
D Katakomben

Christliche Traditionsbezüge, Hinweise auf den Marienkult, Verweise auf die Apokalypse des Johannes, den Hexenwahn und die Massenpsychosen des späten Mittelalters geben der Darstellung der Konflikte eine gewisse religiöse Überformung. Hinzu kommen Elemente der Trivialkultur, die vor allem zur Bebilderung von Ängsten und Erwartungen genutzt werden, wie sie mit den Begriffen Maschinenzeitalter und Massengesellschaft auch in der Kulturkritik um und nach 1900 zu finden sind. Mit 27000 Komparsen, 600 Drehtagen und knapp 4000 Stunden Filmmaterial war Metropolis die bis dahin teuerste deutsche Filmproduktion.

Ein Film wird Kult

Während das zeitgenössische Publikum den Film eher missachtete und auch die Filmkritik weitgehend negativ reagierte, gilt der Film heute als ein Meilenstein der Filmgeschichte. Im Fokus der Aufmerksamkeit stehen dabei besonders der enorme technische Aufwand, der zu seiner Herstellung betrieben wurde, die verschiedenen und äußerst verwickelten Geschichten seiner Rekonstruktion und die zahlreichen Möglichkeiten, das außerordentlich starke Bildmaterial in andere Zusammenhänge einzuspeisen. Der Plot dagegen ist recht verwirrend und im Schema auch durchaus trivial. Dennoch hat der Film »Metropolis« das Bild der Stadt als Zentrum einer Welt, die durch Klassenspaltung und Ausbeutung, durch Sehnsucht nach Freiheit und die Kraft der Liebe gekennzeichnet ist, in den Bildervorrat der zeitgenössischen Moderne eingebrannt.

Ausschnitte aus dem seit den 1920er-Jahren nur in verstümmelten Fassungen vorhandenen Film sind seit den 1980er-Jahren immer wieder auch Gegenstand populärkultureller Bearbeitungen geworden. Queen, Freddy Mercury und auch Madonna haben Sequenzen daraus für Videoclips genutzt. Der Komponist Giorgio Moroder hat dazu einen Soundtrack produziert. Als erster Film wurde Fritz Langs »Metropolis« 2001 in den Bestand des UNESCO-Weltdokumentenerbes aufgenommen. Mithilfe einer 2008 in Buenos Aires entdeckten Kopie des Films gelang es, die ursprüngliche Fassung weitgehend wiederherzustellen.

Ein anderes Metropolis

Auch die Heimatstadt der erstmals 1939 in Erscheinung getretenen Comicfigur »Superman« heißt Metropolis, dessen Lage und Gestalt in den anschließenden Folgen der Serie verfeinert und konkretisiert wurde. Inzwischen sieht sich das in den USA, in Kansas, gelegene »Metropolis« als Heimatstadt Supermans an, den sie u. a. in Form eines überlebensgroßen Denkmals ehrt.

Mittelerde
Wo der Herr der Ringe regiert

Land/Ort	Lage	Größe	Bevölkerung	Wichtigste Stadt	Weitere Orte	Sehenswürdigkeiten
Mittelerde	Kontinent in Tolkiens Welt Arda = Das Reich	Nordwestlicher Teil des Kontinents West nach Ost 2800 km breit Nord nach Süd 2000 km lang etwas größer als Spanien, Frankreich und Deutschland zusammen	Menschen Elben Zwerge Hobbits	Minas Tirith	Hobbingen Michelbinge (Auenland) Osgiliath Bruchtal Edoras (Rohan) Isengard (Sitz des Zauberers Saruman) Zwergenstadt Moria (auch Khazad-dúm)	Weiße Berge Nebelgebirge Schattengebirge Ephel Dúath Düsterwald Fluss Anduin

Mittelerde, das in J. R. R. Tolkiens Romanen auch als Endor und Hinnenlande bezeichnet wird, ist Teil eines Kontinents unbekannten Ausmaßes, in dessen nordwestlichen Landschaften die Geschichten um den »Herrn der Ringe« und die Hobbits angesiedelt sind. Hier, auf einer Fläche nicht kleiner als Westeuropa, zwischen dem westlich gelegenen Meer Belegaer und dem »Inneren Meer« im Osten, finden im Dritten Zeitalter (D.Z.) nicht nur die entscheidenden Kämpfe um die Ringe – und damit um die Macht – statt, sondern es kehrt dort nach der (vorerst) endgültigen Niederlage der Bösen aufs Neue eine Art Goldenes Zeitalter ein, nunmehr aber durch die erfahrenen und durchs Erzählen auch festgehaltenen Geschichten klüger geworden und vielleicht sogar auf Dauer stabilisiert. Auch ansonsten spielen für die Beschreibung der einzelnen Landschaften und der sie bewohnenden Lebewesen neben geografischen Gegebenheiten historische Ereignisse eine Rolle. In dieser Hinsicht unterscheiden sich die Bewohner Mittelerdes und ihre Geschichten nicht von den uns Lesern aus anderen Mythen und der eigenen nationalen Geschichte bekannten Ereignissen und Figuren, was sicherlich sowohl zur Attraktivität der Geschichten Tolkiens beiträgt als auch die Möglichkeit bietet, dass sich Leserinnen und Leser des 20. und 21. Jahrhunderts mit ihnen identifizieren.

AUTOR

J.R.R. (John Ronald Reuel) Tolkien
englischer Philologe und Schriftsteller
* 3.1.1892 Bloemfontein, heute Südafrika
† 2.9.1973 Bournemouth, England
Kultautor der Fantasy-Literatur

Landschaften und Leute

Werk
Originaltitel
The Lord of the Rings
The Fellowship of the Ring (1954)
The Two Towers (1954)
The Return of the King (1954)
Deutsche Erstausgabe
Der Herr der Ringe
Die Gefährten (1969)
Die Zwei Türme (1970)
Die Rückkehr des Königs (1970)
Verfilmungen
1978 vom Zeichentrickfilmer Ralph Bakshi
2001–2003 von Peter Jackson

Eine Großgliederung Mittelerdes nach Landschaften und mit diesen verbundenen teils historischen, teils politischen Formationen würde im Nordwesten zunächst bei Arnor anfangen, einem Königreich, dessen Hauptstadt Annúminas im Jahr 3320 im Zweiten Zeitalter (Z.Z.) gegründet wurde, dann aber wie das ganze Land zunächst einen schmerzlichen und lang andauernden Niedergang erfahren muss. Allerdings kann sich die Königslinie trotz einer zeitweiligen Eroberung des Landes durch den Hexenkönig von Angmar, trotz weiterer Niederlagen, Teilungen des Reiches und einem Wiederaufleben von Stammesstrukturen halten, sodass schließlich Aragorn II. am Ende des Ringkriegs erneut die Königswürde, und zwar über beide Reiche, Arnor und Gondor, erhalten kann. In südlicher Richtung schließt sich das Land Eriador an, während im Osten, getrennt durch das Nebelgebirge (Hithaeglir), das Mittelerde von Nord nach Süd durchzieht, Rhovanion liegt. Während Eriador, das neben Breeland und dem Alten Wald auch das von den Hobbits besiedelte Auenland umfasst, zunächst ebenfalls ein Königreich darstellt, das wie Arnor von einem langfristigen Niedergang befallen wird, handelt es sich bei dem östlich des Nebelgebirges gelegenen Rhovanion um ein dünn besiedeltes Wald- und Weideland. Neben dem Reitervolk der Rohirrim leben hier Waldelben und Zwerge, Nordmenschen und Orks. In einem weiteren Schritt nach Süden schließen sich das westlich gelegene Gondor, Land der Menschen, und das ein wenig nordöstlich davon liegende Rohan an, dessen Bewohner Verwandte der Rohirrim und ebenfalls ein Reitervolk sind.

Parallel zu dem sich in Nord-Süd-Richtung erstreckenden Nebelgebirge fließt östlich davon der große Strom Anduin. Weiter nach Süden schließt sich westlich des Anduin Gondor an, gegenüber davon im Osten das Reich Mordor, das sich als Sitz des Bösen bezeichnen lässt und in der Geschichte mehrfach und bis zu seinem Untergang am Ende des Dritten Zeitalters immer wieder Gondor mit Krieg und Vernichtung überzieht. Sauron, der Herrscher Mordors und Inbegriff des Bösen, eine Art Zerstörer alles Guten, strebt nach grenzenloser Macht. Diese erhofft er sich vom Besitz eben jenes Ringes, um dessen Erringung und Vernichtung die Geschichten vom »Herrn der Ringe« sich drehen. Mordor, das in der Sprache Sindarin »Schwarzes Land« heißt, wird nach Westen hin durch das Schattengebirge Ephel Dúath begrenzt und kann nur über wenige, zum Teil höchst gefährliche Pässe erreicht werden. Der gefährlichste ist der Spinnenpass (Cirith Ungol), der mit einer Festung gesichert ist und von der Riesenspinne Kankra bewacht wird, der unter anderem Meister Frodo und sein Begleiter beinahe zum Opfer gefallen wären. Auch der Schicksalsberg, in dessen Feuern Sauron jenen dritten Ring schmieden lässt, der ihm die absolute Macht über ganz Mittelerde bringen soll, steht in Mordor. Dorthin also muss der Ring erneut gebracht werden, um durch sein Einschmelzen die Gefahr einer Machtergreifung des Bösen endgültig zu bannen.

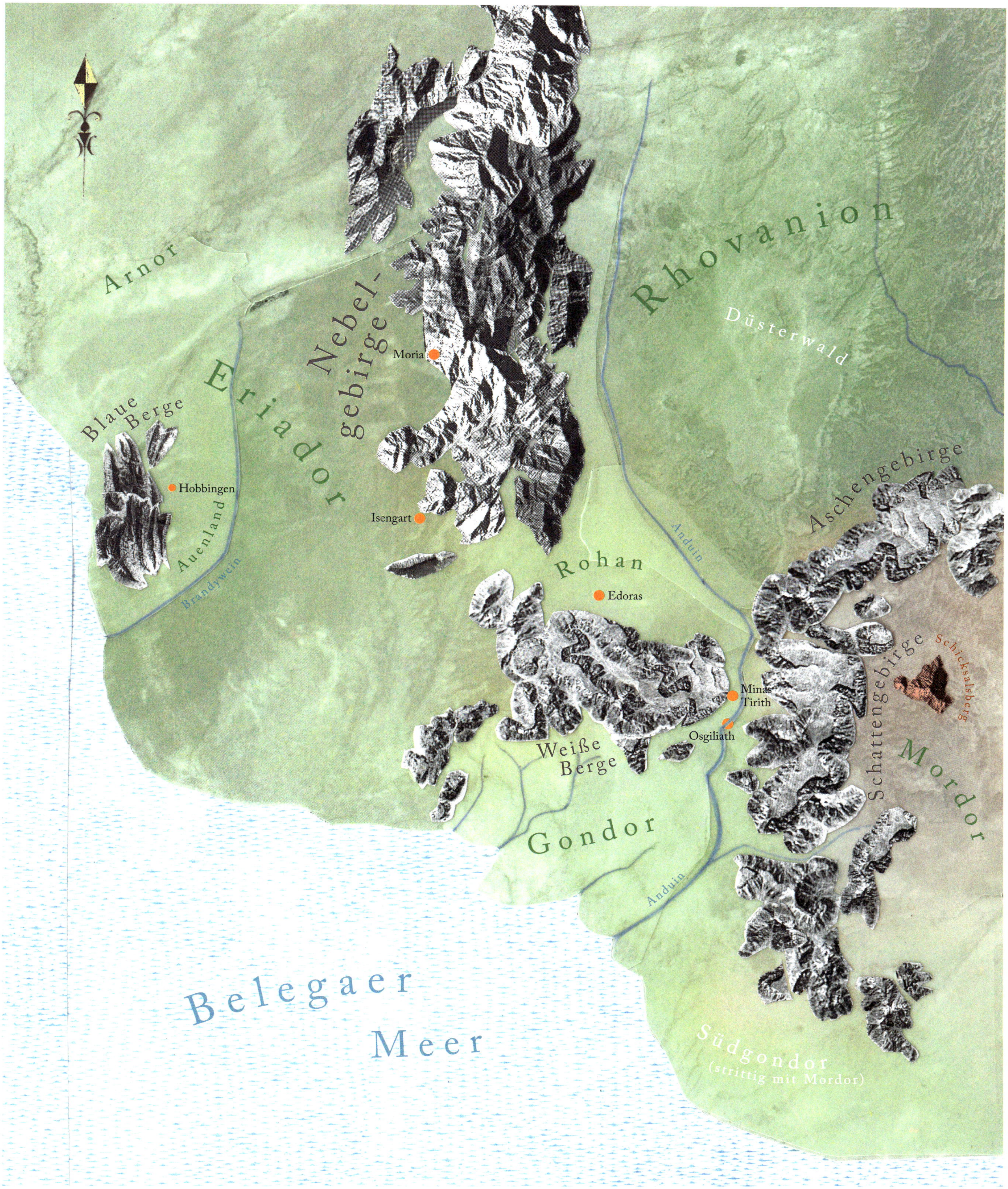
Arnor
Nebel-
gebirge
Moria
Rhovanion
Düsterwald
Eriador
Blaue
Berge
Hobbingen
Auenland
Brandywein
Isengart
Aschengebirge
Anduin
Rohan
Edoras
Schicksalsberg
Schattengebirge
Minas
Tirith
Osgiliath
Weiße
Berge
Mordor
Gondor
Anduin
Belegaer
Meer
Südgondor
(strittig mit Mordor)

Auch eine Schöpfungsgeschichte

Sprachen

Tolkien hat für die Bewohnergruppen seiner Welt eigene Sprachen erfunden und dazu die grammatikalischen Regeln und die zugehörige Sprachgeschichte geschaffen.
Sprachen, die in Tolkiens Welt gesprochen werden sind: Quenya und Sindarin, Adûnaisch und Westron, Khuzdul und Entisch. Für einige dieser Sprachen erfand er eigene Schriftsysteme.
Als Vorlagen dienten ihm keltische und germanische Sprachen wie das Gotische, das Gälische und Altisländische sowie das Finnische.

Tolkien hat unterschiedliche Mythologien herangezogen und diese mit Märchenmotiven und historischen Ereignissen und Figuren so gemischt, dass daraus eine neue Mythologie entstanden ist. Schon die Schöpfungsgeschichte Ardas, also der gesamten erzählten Welt, nimmt Motive auf, die sich in anderen Schöpfungsmythen finden. Am Anfang steht mit Ilúvatar, der »Der Eine« genannt wird, ein Schöpfergott, aus dessen Gedanken heraus sich zunächst die Vorstellung Ardas, einer Welt im Ganzen, formt. Ähnlich wie am Anfang der biblischen Schöpfungsgeschichte davon berichtet wird, dass Gottes Wort Wirklichkeit wird, geschieht es auch hier. Denn auch hier führt erst ein Gesang der Ainur, das sind Geisterwesen, Heilige, die ebenfalls der Vorstellungskraft Ilúvatars entstammen, dazu, dass Ilúvatars Vorstellungen konkrete Gestalt annehmen. Einige dieser Geisterwesen steigen selbst in die gerade im Entstehen begriffene Welt hinab, um dort bei der weiteren Schaffung der Erde mitzuhelfen. Sie sind die Herren – auch Vatar genannt – und machen die Erde bewohnbar. Einer aber, Melkor, der stolzeste dieser auf die Erde herabgestiegenen Geisterwesen, auch dies als Motiv aus der jüdisch-christlichen Schöpfungsgeschichte bekannt, sucht schon bald den Streit mit den anderen. Er zerschlägt dabei sowohl die zu Anfang im Norden und im Süden aufgestellten Lampen, die die Welt bislang erleuchteten, als auch das Land selbst, wodurch mehrere Kontinente entstehen.

Mittelerde, das Land, auf dem neben anderen Lebewesen auch die Menschen wohnen, ist davon der größte. Nach den Vatar, den Geisterwesen, hatte Ilúvatar nämlich als Zweites die Menschen erschaffen, die nun aber bald schon in den Kampf zwischen Melkor, dem Bösen, und den schöpfungstreuen anderen Vatar verwickelt wurden. Zum Dank dafür, dass die Menschen in diesen Kämpfen die Vatar gegen Melkor unterstützten, erhielten sie ein eigenes Reich, eine Insel, die den Namen Númenor trug und im großen westlichen Meer lag. Außerdem wurden für sie die uns bekannten Himmelslichter Sonne, Mond und Sterne geschaffen; sie sollten ihnen als Orientierung dienen. Allerdings blieb auch die Welt der Menschen vom Streit nicht verschont. Sauron, zunächst ein Helfer und Bewunderer des geschlagenen Melkor, gelang es, die Menschen dazu zu verführen, sich gegen Ilúvatar, ihren Schöpfer, aufzulehnen und eine den Geistern vergleichbare Unsterblichkeit zu verlangen. Während die Empörer in dem anschließenden Kampf von Ilúvatar vernichtet wurden, mussten die letzten treu Gebliebenen die Insel verlassen und wurden nach Mittelerde gebracht. Hier wurden ihnen die beiden Reiche Rohan und Gondor zugesprochen, womit die Geschichte der Menschen auf Mittelerde begann. Auch sie führte freilich erneut in Kämpfe und Schrecken, von deren Verlauf und (vorläufigem?) Ende dann Tolkiens »Herr der Ringe« berichtet.

Macht ist noch nicht Recht

Sauron selbst schmiedet sich auf dem Schicksalsberg einen weiteren Ring, der ihm endgültig die Macht über die Erde bringen soll. Seine Absicht dabei war, ein Zeitalter des Bösen auf der Erde anbrechen zu lassen. Allerdings sind auch die Führer der Guten wachsam und können Sauron zunächst von seinem Ring trennen. Es gelingt jedoch nicht, diesen zu vernichten. Denn auch zwischen den Guten gibt es Kämpfe um den Ring, in deren Folge er erst einmal verloren geht. Als er dann bei den Hobbits wiederauftaucht und diese durch den Weisen Gandalf Kenntnis davon erhalten, welche Gefahr von ihm ausgeht, wird beschlossen, dass Meister Frodo zusammen mit einigen anderen den Ring außer Landes bringt. Nach einer langwierigen und gefährlichen Reise, auf der die Hobbits immer wieder von Anhängern der Mächte des Bösen gejagt werden, gelingt es Frodo, den mächtigsten der Ringe zum Schicksalsberg zurückzubringen und einzuschmelzen. Die Macht des Rings und mit ihm die Macht des Bösen, auch Saurons Herrschaft, ist damit endgültig gebrochen. Mit dem Amtsantritt des neuen und gerechten Königs Aragorn II., der nun durch seine Hochzeit mit der Elbenprinzessin Arwen auch die wohltätige Verbindung der Menschen mit den Elben wiederherstellt, endet die alte Zeit und ein neues Zeitalter beginnt.

Tolkiens Romane handeln von Königsherrschaften und Gefolgschaft, Rittern und Helden, vom Auf- und Untergang großer Reiche, aber auch von Monstern und Bösewichten jedweder Gestalt. Gleichwohl lassen sie sich auch als Parabeln über die Macht und die Grenzen des Bösen in der Geschichte der Menschheit lesen. Dieser Aspekt mag neben der Lust am Schmökern oder dem sich Verlieren in filmischen Animationen auch einen Teil der Publikums angesprochen haben. Denn wie im Märchen begründet Macht auch in der Realität noch lange nicht Recht, das wie schon in den mittelalterlichen Ritterepen, auf die sich Tolkien vielfach bezieht, zumindest an eine gerechte und auf das Wohl der Untertanen gerichtete Herrschaft gebunden ist. In dieser Hinsicht lässt sich die Geschichte von einem »Herrn der Ringe«, der ja nur als Wunsch, Schreckfigur und Allmachtsfantasie des grundbösen Sauron existiert, dann auch als Mahnung an alle verstehen, die glauben, Macht allein sei ausreichend, um Herrschaft zu legitimieren.

Niflheim
Eiswelt der Frostriesen

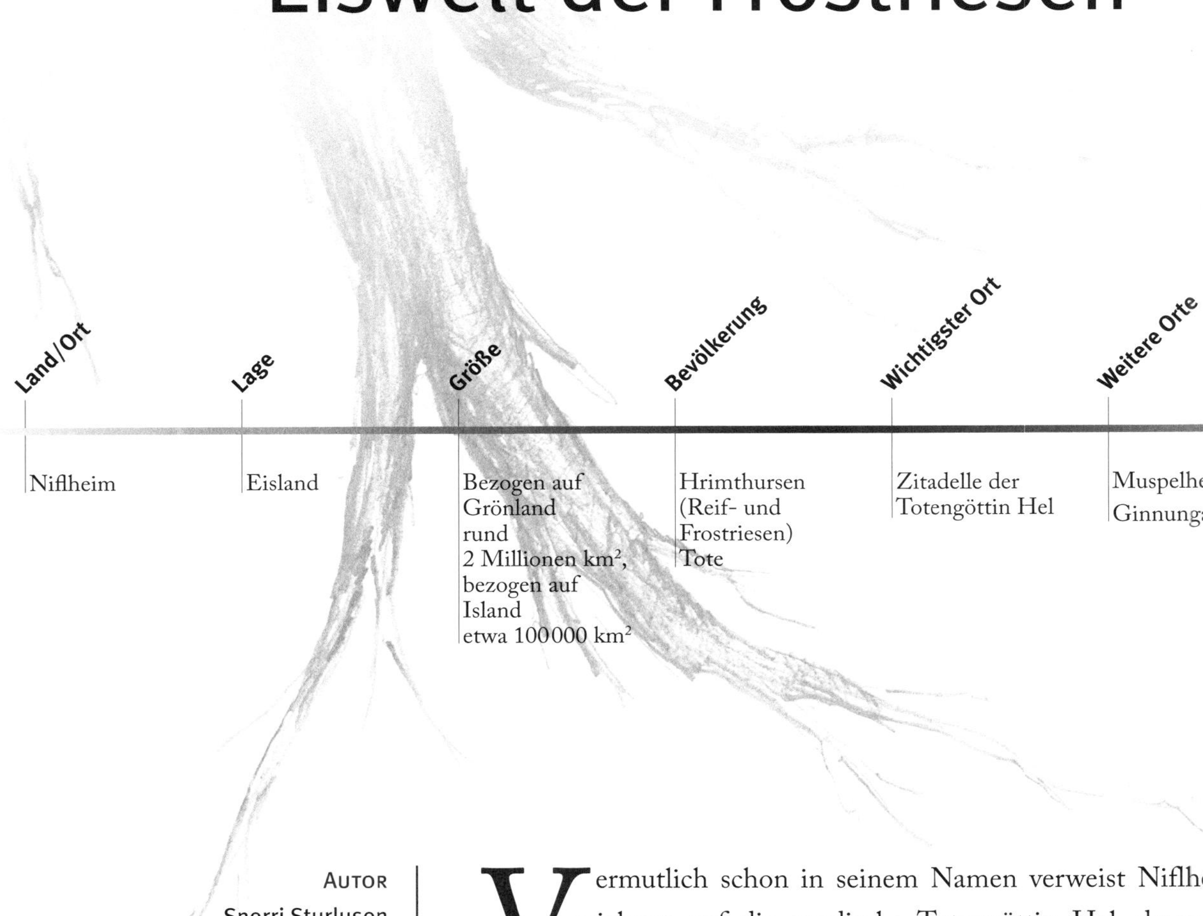

Land/Ort	Lage	Größe	Bevölkerung	Wichtigster Ort	Weitere Orte	Sehenswürdigkeiten
Niflheim	Eisland	Bezogen auf Grönland rund 2 Millionen km², bezogen auf Island etwa 100000 km²	Hrimthursen (Reif- und Frostriesen) Tote	Zitadelle der Totengöttin Hel	Muspelheim Ginnungagap	Brunnen Hvergelmir Wurzel der Weltenesche Yggdrasil Brücke über den Gjöll (Gjallarbrú)

Autor
Snorri Sturluson
altisländischer Dichter, Historiker und Staatsmann
* 1178/79 Hvamm, Westisland
† (ermordet) 22.9.1241 auf seinem Gut Reykjaholt
seine Snorra-Edda gilt als eine der wichtigsten Quellen nordischer Mythologie

Vermutlich schon in seinem Namen verweist Niflheim, auch als Niflhel bezeichnet, auf die nordische Totengöttin Hel, deren Sitz Helheim sich dort befinden soll, und die als Herrscherin dieses Reiches der Toten gilt. Anders als in der geläufigen Vorstellung führt der Weg diejenigen Toten, denen aufgrund ihres Lebenswandels und ihrer Unwürdigkeit der Weg in das ehrenvolle Walhall verwehrt ist, nicht hinauf nach Norden, sondern hinab. In der nordischen Mythologie ist der Ort der Toten – das Eisland Niflheim – ganz unten angesiedelt, wobei sich Vorstellungen einer ebenso grauenvollen wie öden Unterwelt mit den vielleicht realhistorischen Erfahrungen unbewohnbarer Eislandschaften der nördlichen Hemisphäre verbinden. Da in der nordischen Mythologie Handlungen und Kämpfe im Vordergrund stehen und diese von verschiedenen Göttern, Helden und anderen Wesen gestaltet werden, werden Orte vor allem dazu genutzt, um Zustände und Stimmungen auszudrücken. Deshalb lassen sich eindeutige lokale Zuordnungen und geografische Gliederungen auch nur ansatzweise machen. Dabei finden sich, nicht zuletzt wegen unterschiedlicher Überlieferungen, immer wieder auch gegenläufige Darstellungen.

Immerhin lässt sich der Ort Niflheim im Kosmos der nordischen Mythologie gut verorten, wenn auch – wie in anderen mythologischen Erzählungen – die Abfolge und die Zusammenhänge der damit verbundenen Handlungen und Zeitalter wechseln.

Niflheim

Vorzeitiges, Gegenwärtiges und Zukünftiges, vor allem auch jene Zukunft, die in der Vergangenheit schon überliefert wurde, erscheinen so ineinander verwoben und lassen sich in eine Art Kreislauf zusammenfügen. Niflheim stellt in dieser Hinsicht den dunklen Untergrund dar, aus dem und über dem sich die Welt erhebt. Von Niflheim gingen die ersten Impulse aus, die überhaupt erst zur Entstehung der Welt und der in ihr agierenden Wesen, Riesen, Götter, Zwerge, Menschen und Tiere, führten. Sicher ist, dass zumindest derjenige Teil der Lebewesen, dem keine sonstigen Verdienste zugesprochen werden können, am Ende des Lebens in dieses Totenreich zurückkehrt. In ein Land, das unwirtlich und schaudererregend ist und von dem weiterhin Gefahren und Gespenster ausgehen können.

Niflheim und die Schaffung der Welt

Werke
Snorra-Edda, auch Prosa-Edda, um 1220
Heimskringla (Geschichte der norwegischen Könige), um 1230

Das berühmte Gylfaginning (Gylfis Täuschung), ein Teil der Snorri Sturluson zugeschriebenen Snorra-Edda, erzählt in dialogischer Form von der Reise des nordischen Königs Gylfi an den Hof der Götter, um von diesen etwas über die Erschaffung der Welt und ihren Aufbau zu erfahren. Im dritten Teil dieses Gesprächs zwischen Odin und Gylfi wird Niflheim als Nebelland geschildert, aus dem alles Böse komme. Zunächst einmal handelt es sich, so auch eine mögliche Übersetzung des Wortes, bei Niflheim um ein ausgedehntes, in seinen Konturen aber unbestimmtes Dunkel- und Schattenland; zu denken ist an die Polarnacht, an einen Raum und eine Zeit in ewigem Eis und beständiger Dunkelheit. Seine Bewohner sind, neben den Toten, die Frost- oder Reifriesen (Hrimthursen), die Nachkommen Wafthrudnirs, der selbst wieder ein Sohn des Ymir, des ältesten Wesens der Welt, ist.

Offenbar bestand Niflheim aber schon vor aller Zeit, denn der Abgrund des Nichts, Ginnungagap, aus dem und in dem die spätere Welt entstehen sollte, erstreckte sich zwischen Niflheim, dem Eisland im Norden, und einem Feuerland im Süden, das Muspelheim genannt wurde. Die aus dem Brunnen Hvergelmir, der ebenfalls in Niflheim zu finden ist, strömenden Flüsse stürzten sich in diesen Abgrund hinab, wo sie zu Eis erstarrten, sich aber gleichzeitig mit Funken mischten, die aus dem Feuerland des Südens kamen. Aus dieser Mischung entstand Ymir, der Stammvater der Riesen und indirekt auch der Götter. Sein toter Leib wird später, wie dies auch von Schöpfungsgöttern erzählt wird, den Stoff bilden, aus dem Himmel und Erde geschaffen werden. Ymir selbst wird als zweigeschlechtliches, schreckliches Ungeheuer geschildert, aus dessen Armbeuge die Stammeltern der Riesen kommen und das sich von der Milch der ebenfalls aus Eis und Funken entstanden Kuh Audhumbla nährt. Diese wiederum leckt das Salz aus dem sie umgebenden Eis und legt so einen Mann frei, der zum

Stammvater der Götter Odin, Wili und Wé wird. Zugleich tritt damit die Feindschaft zwischen Göttern und Riesen, die schließlich zum Untergang der Götter führen wird, in die Welt.

Zunächst einmal schlachten die Götter Ymir und schaffen aus ihm das Weltgebäude: Aus seinem Leib die Erde, aus seinen Knochen und Zähnen Felsen und Steine, aus seinen Haaren Bäume und andere Pflanzen, aus seinem Blut die Gewässer; aus seinem Schädel machen sie das Himmelsgewölbe. Während alle anderen zuvor geborenen Riesen in der durch die Ermordung Ymirs hervorgerufenen Sintflut untergehen, gelingt es einem von ihnen, Bergelmir, in einer Art Boot zu überleben. Das ist – anderen Überlieferungen zufolge – Grund genug, in ihm den Stammvater der Reifriesen zu sehen. Diese warteten auf Ragnarök, den Untergang der Götter, an deren »Dämmerung« sie dann unter Führung des im Feuerland Muspelheim wartenden Riesen Surt maßgeblich beteiligt sind. Niflheim stellt also gleichermaßen einen Ausgangs- und einen Endpunkt der nordischen Weltschöpfungsmythen dar. Nach dem Untergang dieser Welt und ihrer Götter beginnt abermals eine neue.

Niflheim und der Weltenbaum

Deutsche Mythologie
Jacob Grimm hat nicht nur zusammen mit seinem Bruder Wilhelm die berühmte Sammlung der »Kinder- und Hausmärchen« geschaffen, sondern auch eine »Deutsche Mythologie« (1835) geschrieben, die zahlreiche Geschichten und Verweise aus der nordischen Mythologie aufnimmt und die auch heute noch lesenswert ist.

Auch wenn zahlreiche Darstellungen, vor allem aus dem 19. Jahrhundert, sich darum bemüht haben, die Vorstellungen vom Aufbau der Welt, soweit sie sich in den nordischen Mythen finden lassen, in ein System zu bringen, bleiben Unbestimmtheiten, die allenfalls mit Fantasie ausgefüllt werden können. Sicher ist, dass die Erde und die sich auf ihr befindenden Lebewesen Teil eines größeren Ganzen sind, das von den Göttern geschaffen wurde. Diese Welt besteht aus neun Reichen oder Sphären, drei irdischen, drei himmlischen und drei unterirdischen. Dabei besetzt Niflheim als Totenreich in der unterirdischen Welt die unterste Sphäre, während Midgard, die Welt der Menschen, in vertikaler Anordnung darüber liegt und nach oben von der Sphäre der Götter abgeschlossen wird. Zur obersten Sphäre gehört auch Walhall, der Ort der von Odin gesammelten toten Krieger und Helden.

Die Verbindung zwischen den Sphären wird durch die Weltenesche Yggdrasil gehalten. Yggdrasil war der erste Baum, den die Götter, nachdem sie Ymir getötet hatten, pflanzten. Er umfasst und überragt alle anschließend geschaffenen Welten und Sphären. Mit einer seiner Wurzeln ruht der riesige, immergrüne Baum in Niflheim und bekommt dort Wasser aus der Quelle Hvergelmir, die vom Drachen des Neides, Nidhöggr, der auch die Toten quält, bewacht wird. Die zweite Wurzel befindet sich in Urd, einem Brunnen der ewigen Jugend, an dem aber auch die Nornen, die Schicksalsgöttinnen, anzutreffen sind. Die dritte schließlich wurzelt in Mimirs Brunnen, der das

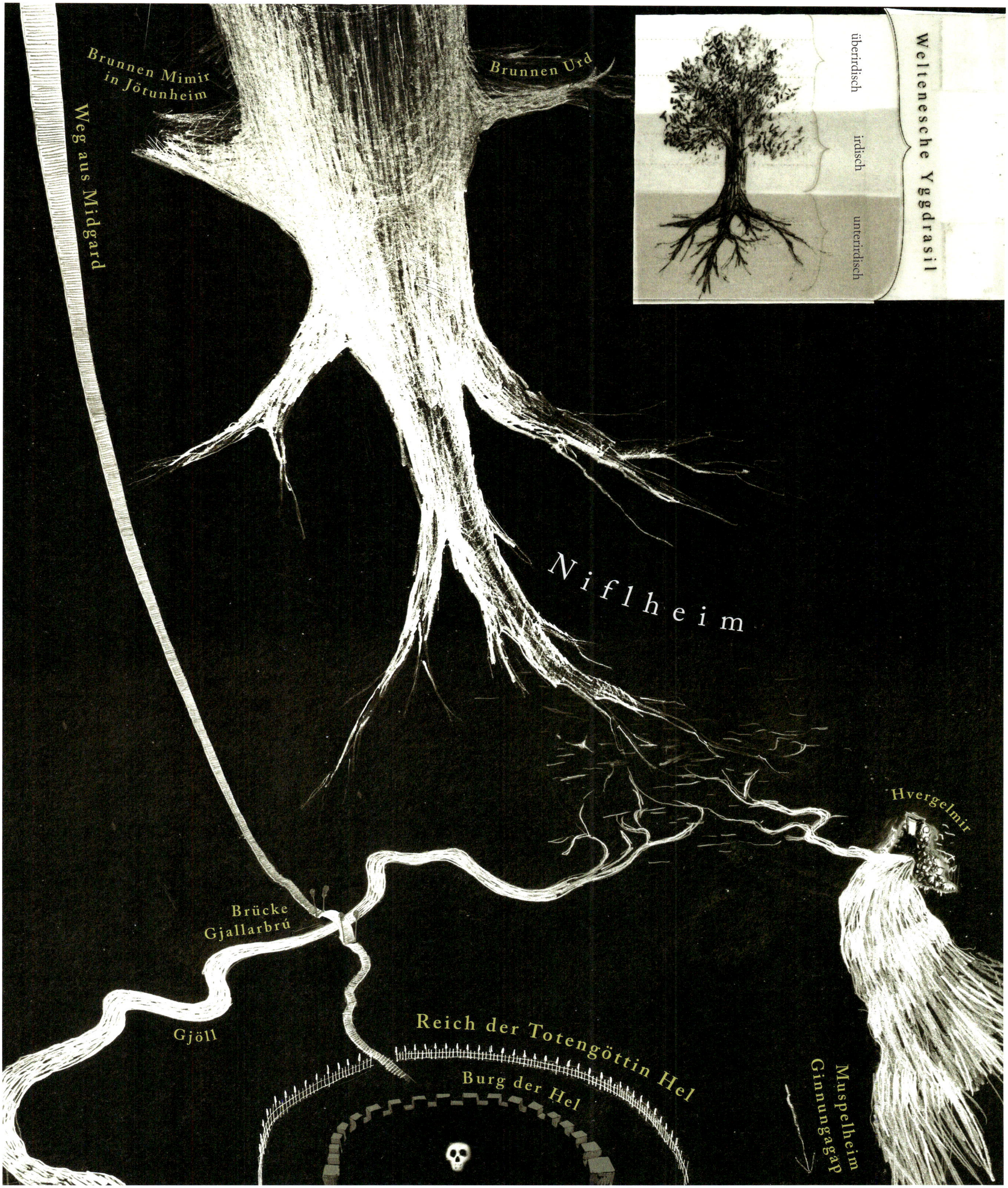
Brunnen Mimir
in Jötunheim
Brunnen Urd
Weg aus Midgard
Weltenesche Yggdrasil
überirdisch
irdisch
unterirdisch
Niflheim
Hvergelmir
Brücke
Gjallarbrú
Gjöll
Reich der Totengöttin Hel
Burg der Hel
Muspelheim
Ginnungagap

Wasser der Weisheit enthält und sich in Jötunheim, dem von Odin später den Riesen zugewiesenen Land, befindet. Um aus Mimirs Brunnen trinken zu können, ist Odin bereit, ein Auge zu opfern. Nach oben hin umschließt die Weltenesche in ihren Zweigen und in ihrer Krone die Sphären der Menschen und der Götter. Midgard, die Welt der Menschen, ist auf allen Seiten von einem Ozean umgeben, in dem die Riesenschlange Jormungand (Midgardschlange) lebt. Indem sie sich selbst in den Schwanz beißt, bildet sie einen Ring, der die Welt, solange die Schlange lebt, zusammenhält. Allerdings wird sie im letzten Kampf der Götter vom Donner- und Wettergott Thor erschlagen, kann diesen aber zuvor noch mit tödlichem Gift verletzen. Von Midgard führt ein Weg nach Niflheim, den die Toten zu gehen haben, und auf dem sie die Gjallarbrú, eine mit Gold bedeckte Brücke, die über den Todesfluss Gjöll führt, überschreiten müssen.

Besuch in der Totenwelt

Ähnlich wie der Hades bei den Griechen war auch das nordische Niflheim als Totenwelt vor allem schrecklich und öde. Erst unter christlichem Einfluss wurde Niflheim zunehmend auch als ein Ort der Strafe und der Sühne ausgemalt. Zuvor bestimmten Kälte, Dunkelheit und Schrecken die Szene für die ankommenden Toten. Furchterregendes Gebell des Höllenhundes Garm empfängt sie bereits am Eingang. Nachdem sie die Gjallarbrú überquert haben, werden sie von der Riesin Modgudr zur Festung der Totengöttin Hel geführt. Die Festung selbst ist von einem Eisenzaun umgeben. Es gibt dort mehrere große Säle, von deren Decken Schlangen hängen und Gift tropft; auch ist zu befürchten, dass ein Wolf die Toten zerfleischt oder der böse Drache Nidhöggr sie aussaugt. Wie auch in anderen Höllen- und Totenwelten ist die Rückkehr so gut wie ausgeschlossen.

Hel, Tochter des Feuergottes und Abenteurers Loki und einer Riesin, gehört selbst zum Geschlecht der Riesen und es verbindet sie mit diesen ein grenzenloser Hass auf die Asen und die anderen Götter. Ihre Geschwister sind die Midgardschlange und der Fenriswolf, der im Endkampf der Götter einmal Odin verschlingen wird, der bis dahin aber wegen seiner Gefährlichkeit von den Göttern in Fesseln gehalten wird.

Alle drei Figuren wie auch Niflheim im Ganzen verweisen auf eine Gegenwelt zu der Welt der Götter und auf die Grenzen der den Menschen und ihren Vorstellungen zugänglichen Welt.

Nimmerland
Das Land unter London

Land/Ort	Lage	Größe	Bevölkerung	Wichtigster Ort	Weiterer Ort	Sehenswürdigkeiten
Nimmerland	Insel in der Karibik oder in der Südsee	20km × 40 km, das Atoll im Ganzen vielleicht 40 × 60 km, etwa 2400 km² groß	Zahlreiche Kinder (ohne Eltern) der Indianer-Stamm der Picaninnys zeitweise Kapitän Hook und seine Piraten Seejungfrauen Elfen ein Krokodil wilde Tiere Niemalsvogel	Haus der »verlorenen Jungen« oder Peter Pans Haus	Dorf der Indianer	Bucht Wälder Korallenatoll Kapitän Hooks Erscheinung und Uniform

Der Gedanke ewiger Jugend mag zeitlos sein, um die Wende zum 20. Jahrhundert war er jedenfalls sehr zeitgemäß. Erstmals traten in dieser Zeit, in der unter anderem der »Wandervogel« und die Pfadfinderbewegung sich formierten, die Lebens- und Entwicklungsphasen der Kindheit und Jugend auch als eigenständige Erlebniswelten in Erscheinung. So geht beispielsweise der Begriff der Jugendkultur auf das Wirken des deutschen Reformpädagogen Gustav Wyneken in dieser Zeit zurück. Angesichts einer damals sich europaweit entwickelnden Industriegesellschaft, die bereits den Zeitgenossen als ein »Eisernes Gehäuse der Hörigkeit« erschien, gerieten Kindheit und Jugend zunehmend ins Zentrum kulturkritischer, aber auch sozialpflegerischer und reformpädagogischer Bemühungen. Mehr noch, der bereits in der Romantik eingeschlagene Weg, Kindheit und Jugend als auch literarisch ausgestaltete Gegenwelten aktuellen gesellschaftlichen Entwicklungen gegenüberzustellen, wurde um 1900 erneut aufgenommen. In gewissem Sinne wurden Jugend und Pubertät als Lebensphasen in dieser Zeit für breitere Gesellschaftsschichten überhaupt erst »erfunden«. Während Jugend dabei vor allem als Schon- und Freiraum vorgestellt wurde, konnte die Thematik mitunter auch – so etwa in Frank Wedekinds Schülertragödie »Frühlings Erwachen« – als Brennglas genutzt werden, um darin gesellschaftliche Problemlagen und individuelle Konflikte zu thematisieren. Möglicherweise an-

Autor
Sir James Matthew Barrie
schottischer Schriftsteller
* 9. 5. 1860 Kirriemuir, Schottland
† 19. 6. 1937 London
stammte aus armen Verhältnissen und wurde wegen des Erfolgs seiner Schriften und Theaterstücke 1913 in den Adelsstand erhoben

gestoßen durch die Jahrhundertwende mit den großen Erwartungen an die Zukunft einerseits und dem nostalgischen Rückblick auf das vergehende 19. Jahrhundert andererseits, wurde die Zeit selbst zu einem wichtigen Thema, meist als Leiden am Vergehen der Zeit, mitunter aber auch als Versuch, die Zeit stillstehen zu lassen.

Forever Young

Werke (Auswahl)
Originaltitel
A Window in Thrums, 1890
Sentimental Tommy, 1896
Quality Street, 1901
The Little White Bird, 1901
Peter Pan, or The Boy Who Wouldn't Grow Up, 1904
What every Woman Knows, 1908
Peter and Wendy, 1911
Verfilmungen
Peter Pan (Regie: Herbert Brenon, 1924)
Hook (Regie: Steven Spielberg, 1991)
Peter Pan (Regie: P. J. Hogan, 2003)

In diesem Rahmen stellt die Weigerung, überhaupt erwachsen zu werden, sicherlich eine Extremposition dar. Ihr Reiz besteht aber wohl darin, dass damit zunächst ein Zustand der kindlichen Unschuld, der Unverbrauchtheit und nicht notwendigen Verantwortung gegenüber dem sonstigen Leben angesprochen werden kann. Zugleich geht es um den Versuch, Probleme des Erwachsenwerdens, der Desillusionierung, des Alterns, der Krankheiten und des Todes, nicht zuletzt die Verstrickungen der Sexualität, auszublenden, ohne dabei auf das Leben selbst verzichten zu müssen. Henri Alain-Fourniers lesenswerter Roman »Le Grand Meaulnes« (1913; deutsch »Der große Kamerad«, 1938) schildert in dieser Sichtweise eine Jungenfreundschaft, die bei aller Sehnsucht nach ewigem Kindsein dem Übergang in die Welt der Erwachsenen, der Verantwortung und auch der Schuld nicht entgehen kann. Die Beliebtheit von Astrid Lindgrens Karlsson- und Pippi-Langstrumpf-Figuren spricht in diesem Zusammenhang für sich. Kindheit kann ein Paradies, ein Flucht-, Trost- oder Ausgleichsraum sein, in dem sich unerfüllbare Wünsche und Träume eines jeden Lebens ansiedeln lassen.

Dies ist der Zusammenhang, in den auch die Geschichte von »Peter Pan oder der Junge, der nicht erwachsen werden wollte« gehört. Seit ihrer erstmaligen Aufführung als Bühnenstück in London 1904 gehören sie und die weiteren Geschichten um Peter Pan zu den Klassikern der Kinder- und Jugendliteratur und haben im Musical und anderen popkulturellen Bearbeitungen immer wieder Aufmerksamkeit gefunden.

Eine Insel als »Gegen-London«

Der Film
Das Leben Barries und seine Arbeit an der Peter-Pan-Figur wurden 2004 unter dem Titel »Finding Neverland« verfilmt; die Hauptrolle spielte Johnny Depp.

Wer zu Peter Pans Welt und Insel gelangen will, muss, ob freiwillig oder unfreiwillig, in London beginnen, und zwar recht genau in Kensington Gardens, wo seit 1912 ein vom Autor der Bücher gestiftetes Standbild an den Helden der Geschichte erinnert. Auf eigenen Wunsch aber gelangt niemand zur ersehnten Insel. Peter Pan selbst, der Junge, der schon am Tag seiner Geburt von zu Hause fortgelaufen sein will, noch alle seine Milchzähne besitzt, mithilfe eines Goldstabes fliegen kann und mitunter von der Zauberfee Tinker Bell (Kling Klang Glöckchen) begleitet wird, kommt herbei, um

London
Südsee
0
5
10
km
Nimmerland
Dschungel
▲ 40 m ü.M.
Haus der verlorenen Jungen
Dorf der Picaninny
Dschungel
▲ 15 m ü.M.
Krokodil-Gefahren
Krokodil-Gefahren
Atoll

BARRIES WILLE

J. M. Barrie verfügte, dass alle Einnahmen aus der Verwertung seiner Peter-Pan-Figur und der Bücher einem Londoner Kinderkrankenhaus, dem Great Ormond Street Hospital for Children, zugutekommen sollten. 1988 wurde die Gültigkeit dieser Bestimmung auch über den Ablauf der gesetzlichen Autorenrechte durch ein eigens dafür geschaffenes Gesetz in England bestätigt.

seine Begleiter zu holen oder zeitweilige Besucher auf seine Insel einzuladen. Mitunter zeigt sich die Insel den Kindern im Traum oder beim Einschlafen. Manchmal werden auch kleine Buben, die im Kensington Park aus dem Kinderwagen gefallen sind und nach einer Woche noch nicht von ihren Eltern abgeholt wurden, von Peter Pan dorthin mitgenommen. Dies gilt nicht für Mädchen, da sie angeblich viel zu klug sind, um aus dem Kinderwagen zu fallen.

Die Insel selbst kann geografisch nicht verortet werden. Da es sich aber um ein Korallenatoll handelt, Indianer, Piraten und auch ein Krokodil dort vorkommen, ist es wohl nicht ganz abwegig, sie in der Karibik oder in der Südsee zu vermuten. In jedem Fall stellt sie ein auch geografisch entferntes Gegenstück zu dem London dar, das in der zweiten Hälfte des 19. Jahrhunderts schon wegen der verschiedenen Weltausstellungen und als Börsenplatz neben Paris als eine der Hauptstädte der Moderne galt. Umgeben von einem Kreis kleinerer Koralleninseln, in deren Höhlen Meerjungfrauen zu Hause sind und deren eine auch dem großen, bösen Krokodil eine Heimstadt bietet, hat die Insel selbst wohl die Ausdehnung einer größeren Dorfgemeinde und des dazugehörigen Weidelandes. Auf der Insel finden sich einige Berge, viele dichte Wälder und das Dorf der Indianer. Diese erweisen sich zunächst als äußerst kriegerisch und grausam, und erst, nachdem Peter Pan die Häuptlingstochter Tiger-Lilli vor den Piraten gerettet hat, verhalten sie sich freundschaftlich gegenüber den von ihnen als Eindringlingen gesehenen »verlorenen Jungen«. Von Peter Pans Haus aus sind ein weiter, ebenfalls am ehesten karibisch vorzustellender Strand und die Bucht zu sehen, in der Kapitän Hook und seine Piraten jeweils landen.

Auch sonst entsprechen die Lebensverhältnisse auf Nimmerland einer Mischung aus Abenteuerland und Märchenwelt. In jedem Fall aber stellen sie eine Gegenwelt zu den geregelten Verhältnissen in London dar. Peter Pan kann Träume wahr werden lassen. Dinge, die man sich vorstellt oder wünscht, werden wirklich, zum Beispiel der Wunsch nach Essen. Peter Pan lebt mit seinen Jungen in einem unterirdischen Haus, dessen zweiter Eingang aus einem pilzförmigen Schornstein besteht. Alle schlafen in einem Raum in einem Bett und haben sich daran gewöhnt, sich im Schlaf immer gemeinsam umzudrehen, sodass niemand gestört wird. Gekleidet in die Felle der von ihnen getöteten wilden Tiere verbringen sie die Zeit mit Spielen, Musizieren und Geschichten erzählen. Mitunter müssen sie gegen die Piraten kämpfen, denen sie aber dank Peter Pans Zauberkünsten überlegen sind. Alles, was verbraucht wird, wächst wieder nach; freilich nur für diejenigen, von denen es gewünscht wird. Als Peter die Londoner Kinder Wendy, das einzige Mädchen, das jemals die Insel besuchte, und ihre Brüder zur Insel bringt, stellt sich schon bald heraus, dass diese trotz aller Abenteuer die Erinnerung an ihr Zuhause nicht vergessen können und nicht vergessen wollen. Obwohl Peter sie überhaupt nicht verstehen kann, er lebt nämlich schon lange ohne

Erinnerung, ohne starke Gefühle und Bindungen, lässt er sich schließlich darauf ein, die Kinder zurückzubringen. Bereits zuvor war Kapitän Hook von Peter endgültig besiegt worden und im Rachen des Krokodils verschwunden. Dieses hatte, nachdem es in früheren Zeiten bereits Hooks Hand verschlungen hatte, voller Appetit »auf den Rest« gewartet.

Zwischen Kinderbuch und Utopie-Kritik

Auch wenn es zwischen Indianern, Piraten und den Jungen Streit um den Besitz der Insel gibt, so ist doch völlig klar, wer der eigentliche Herr ist, und dass es sich um die Insel Peter Pans handelt. Er ist es, der über die Zauberkräfte verfügt und damit über die Macht, die Gegner zu besiegen beziehungsweise in Schach zu halten. Seine Insel bildet sowohl mit ihren Landschaften als auch mit ihren Gesetzmäßigkeiten eine Gegenwelt zu den bestehenden Verhältnissen in Europa und Nordamerika. Dies gilt auch in zeitlicher und lebenszeitlicher Hinsicht. Es ist ein Land der ewigen Kindheit, ein Zustand, der aber auch seinen Preis hat. Zwar verweigert Peter das Älterwerden, dabei fehlen ihm allerdings auch die Möglichkeiten, sich im Verhalten zu anderen zu entwickeln und im Rückbezug auf eigene Erfahrungen eine nur ihn kennzeichnende Identität auszubilden.

Für Peter Pan ist charakteristisch, dass er Erlebnisse schnell vergisst, keine eigene Geschichte hat, sich dafür aber, so kommt er auch mit Wendy und ihren Brüdern in Kontakt, für sein Leben gern die Geschichten anderer anhört. Er ist nicht in der Lage, zu sich oder zu anderen eine soziale Beziehung aufzubauen. In dieser Hinsicht ist die Geschichte von Nimmerland mehr als nur eine Sammlung von zum Teil grotesken, zum Teil komischen und vor allem spannenden Abenteuern. Die Inselwelt ist mehr als nur ein utopischer Gegenentwurf unserer Welt. Vielmehr, und auch dies mag zum Erfolg der Erzählungen beigetragen haben, führt sie uns letztlich zu den Aufgaben des Zusammenlebens in der wirklichen Welt zurück.

Michael Jackson (* 1958, † 2009)
In Anlehnung an Peter Pans Insel benannte der amerikanische Popstar sein 1988 in Kalifornien erworbenes Anwesen »Neverland-Ranch«.

Olymp
Sitz der Götter

Land/Ort	Lage	Größe	Bevölkerung	Wichtigster Ort	Weitere Orte	Sehenswürdigkeiten
Olymp	Gebirgsmassiv im Nordosten Griechenlands, im Mytikas 2917 m hoch	Etwa 40 km^2	Zeus Hera Apoll Athene Hermes Artemis Ares Aphrodite Demeter andere Götter	Palast mit Thron des Zeus	Sparta Athen Troja	Kaminähnliche Röhren und Sessel Aussicht auf die Erde Sammlung von Donnerkeilen und Blitzableitern Zwölf Häuser für die zwölf »Großen Götter«

Autor

Homer
sagenumwobener griechischer Schriftsteller
lebte im 8. Jh. v. Chr. in Kleinasien
gilt als Begründer der orientalisch-abendländischen Literatur

Werk

Ilias, berichtet in 16 000 Hexametern von der zehnjährigen Belagerung Trojas
Odyssee, erzählt in 12 000 Hexametern die Irrfahrten und die Heimkehr des Odysseus

Für die Griechen der Antike, so hat es der Philosoph Hans Blumenberg beschrieben, gab es hinter dieser Welt keine andere. Alles, was es gab, war innerhalb dieser Welt angesiedelt und so zumindest zeitweise oder in Teilen immer auch zu sehen. So ist es nicht verwunderlich, dass auch der Sitz ihrer Götter innerhalb der den Griechen zu dieser Zeit bekannten, wenn auch nicht unbedingt vertrauten, Landschaft angenommen wurde. Ihr Göttersitz war der Olymp, das in seiner Wildheit und Erhabenheit beeindruckende, von den Zentren der griechischen Kultur in den ionischen und peloponnesischen, aber auch den kleinasiatischen Städten zumindest so weit entfernte Gebirgsmassiv, dass sich damit allerlei mythische Vorstellungen verbinden ließen. Ob und in welchem Maße die Vorstellung, dass dieses Gebirge der Sitz der Götter sei, die Griechen in ihren religiösen Überzeugungen tatsächlich bestimmt hat, ist allerdings umstritten. Zum einen beruhen viele der mit den olympischen Göttern, vor allem mit Zeus verbundenen Geschichten auf poetischen Texten, die ihrerseits auf ältere Vorlagen, auf Märchenmotive, erotische und fantastische Erzählungen zurückgreifen, wie sie in den Kulturen vieler Völker vorhanden sind. Zum anderen ist auch die Antwort auf die Frage, was und wie die Griechen in der Antike, einem Zeitraum immerhin von nahezu 1500 Jahren, in religiöser Hinsicht geglaubt haben, umstritten.

Sicherlich waren es nicht nur die mit den olympischen Göttern verbundenen Hochgötter, die für die religiösen Vorstellungen der Griechen eine Rolle spielten, auch wenn diese in den klassischen Texten Homers und Hesiods und ebenso in der attischen Tragödie des 5. Jahrhunderts v. Chr., also bei Aischylos, Sophokles und Euripides, eine große und instruktive Rolle gespielt haben. Ebenso, wenn nicht sogar wichtiger und vor allem über wesentlich längere Zeiten verehrt, waren es auch lokale Gottheiten, regionale Kultstätten, Göttinnen und Götter, die in bestimmten sozial oder auch regional begrenzteren Zusammenhängen verehrt wurden. Allein schon der Umstand, dass Zeus, der oberste der olympischen Götter, über eine Fülle von Zweitnamen verfügte, die ihn oft als Gott einer bestimmten Gemeinschaft ansprachen oder ihn in einer bestimmten Funktion hervorhoben, zeigt, dass in die großen Götterbilder, so wie sie in den bekannten mythologischen Übersichten vorliegen, eine Menge lokaler Erfahrungen und unterschiedliche Zeitschichten eingegangen sind, die von dem Bild der jeweiligen olympischen Gottheit aufgenommen und weitergetragen wurden.

Aus Steinhaufen werden Götter

So wie sich die Geschichte der antiken griechischen Kultur nicht auf die Geschichte der Städte Athen, Sparta und Korinth beschränken lässt, so lässt sich auch die griechische Religionsgeschichte nicht ausschließlich auf jene Göttertafeln gründen, die uns im Schulunterricht angeboten wurden. Vielmehr wurden diese im Anschluss an Homer und Hesiod erst seit dem sechsten vorchristlichen Jahrhundert aufgestellt, in einer Zeit also, in der die mit den Göttern verbundenen Glaubensvorstellungen durchaus schon umstritten und in verschiedenen Bildern und Überlieferungen vorhanden waren. Wie der Götterbote Hermes, der als Gott des Wegeglücks, aber auch der Kaufleute und Räuber in Form von an Wegkreuzen angelegten Steinhaufen verehrt worden war, erschienen auch andere Götter mit bestimmten Naturerscheinungen wie Blitz und Donner, Quellen, Flüssen und Hainen verbunden und wurden zum Teil auch an diesen Orten verehrt. Wandernde Riten und Erzählungen, auch aus dem Orient, magische Praktiken, Traumerwartungen und Naturbeobachtungen, sicherlich aber auch die Lust an der Fantasie und am Fabulieren haben vor diesem Hintergrund dann wohl jene Geschichten zustande gebracht, die noch heute von den olympischen Göttern erzählt werden und ihr Erscheinungsbild bestimmen.

Autor
Hesiod
griechischer Dichter
lebte um 700 v. Chr. in Askra, Boöthien
sein Werk enthält neben historischen auch viele geografische Angaben, die die Kenntnisse der griechischen Antike noch immer bestimmen; in seiner »Theogonie« entwickelte er ein Gesamtsystem der griechischen Götterwelt

Die Olympier

Olympische Spiele
Die Wettkämpfe und Spiele zu Ehren des Zeus und der anderen olympischen Götter wurden erstmals 776 v. Chr. durchgeführt; die letzten Spiele der Antike fanden im Jahr 393 n. Chr. statt. Seit 1896 werden sie erneut alle vier Jahre veranstaltet.

Nicht alle Götter, auch nicht alle bedeutenden, wohnen auf dem Olymp. Poseidon, der mächtige Gott der Meere und ein Bruder des Zeus, wohnt unter dem Meer, Hephaistos, Sohn zumindest der Hera, der Gott des Feuers und der Schmiede, wird wegen seiner Hässlichkeit zunächst auf dem Olymp gar nicht geduldet, und Hades, der Gott der Unterwelt, gehört ebenfalls nicht zu denjenigen, die eine der – in bestimmten Systematiken mit zwölf angegebenen – Wohnungen oben auf dem Olymp auf Dauer in Anspruch nehmen.

Dass der Olymp überhaupt zum Sitz der Götter wird, ist mit jenem Kampf der Titanen verbunden, den Zeus und seine Geschwister vom Olymp aus gegen ihren Vater Kronos und die vorhergehende Göttergeneration beginnen und mithilfe der hundertarmigen Riesen und der Donnerkeile, die ihnen die Zyklopen schmieden, siegreich abschließen können. In späteren Zeiten hat sich dort, wo klassische Bildung vermittelt werden sollte, eine Zwölferreihe für die olympischen Götter eingebürgert, der auch viele bildliche Darstellungen folgen. Zeus und Hera bilden dabei das Ehe- und Elternpaar, jedoch ohne einen besonderen Vorbildcharakter auszuüben: er, der stets auf sexuelle Vergnügen ausgehende Abenteurer, sie, die ebenso zänkische wie eifersüchtige Ehefrau. Auch die anderen Paarbildungen Poseidon-Demeter, Apoll-Artemis, Ares-Aphrodite, Hermes-Athene, Hephaistos und Hestia sind eher einem an der Zahl Zwölf orientierten systematischen Zugriff geschuldet als einer Zuordnung nach vergleichbaren Charakteren oder Bedeutungen verpflichtet.

Immerhin wird Zeus nicht nur als Göttervater und oberster Gott gesehen, als der er wohl tatsächlich über die längste Zeit der griechischen Geschichte im Altertum verehrt wurde, ihm kommen durchaus auch Attribute indogermanischer Vater- und Lichtgötter zu. Donnerkeile und Blitze, mit denen er nicht nur die Titanen bezwang, sondern auch anderen Gegnern, auch den Sterblichen auf der Erde, drohte und die ja auch am realen Gebirge des Olymp oft genug zu beobachten sind, können in diesem Zusammenhang als Zeichen seiner Kraft und Macht gesehen werden. Seine Fruchtbarkeit und nicht zuletzt seine »Europa-Affäre« verweisen darauf, dass er auch ein Stier ist, eine Gottesvorstellung, die sich vor allem in vorderasiatischen Mythen findet. Seine Kinder sind Apoll und Athene. Sie stellen als Götter der Weisheit, der Künste, des Handwerks und, besonders Athene, die aus seinem Kopf geboren wird, auch der Kriegskunst und der List, Aspekte dar, die sich bereits bei ihm finden.

Demgegenüber handelt es sich sowohl bei Hephaistos als auch bei dem nicht dem olympischen Zwölferkreis zugehörigen Dionysos um ältere Gottheiten, deren Spuren in vorhellenische Zeiten und nach Vorderasien zurückführen. Ihr nicht ganz gesicherter Status innerhalb des Olymps der Götter zeigt sich in ihren Charakter-

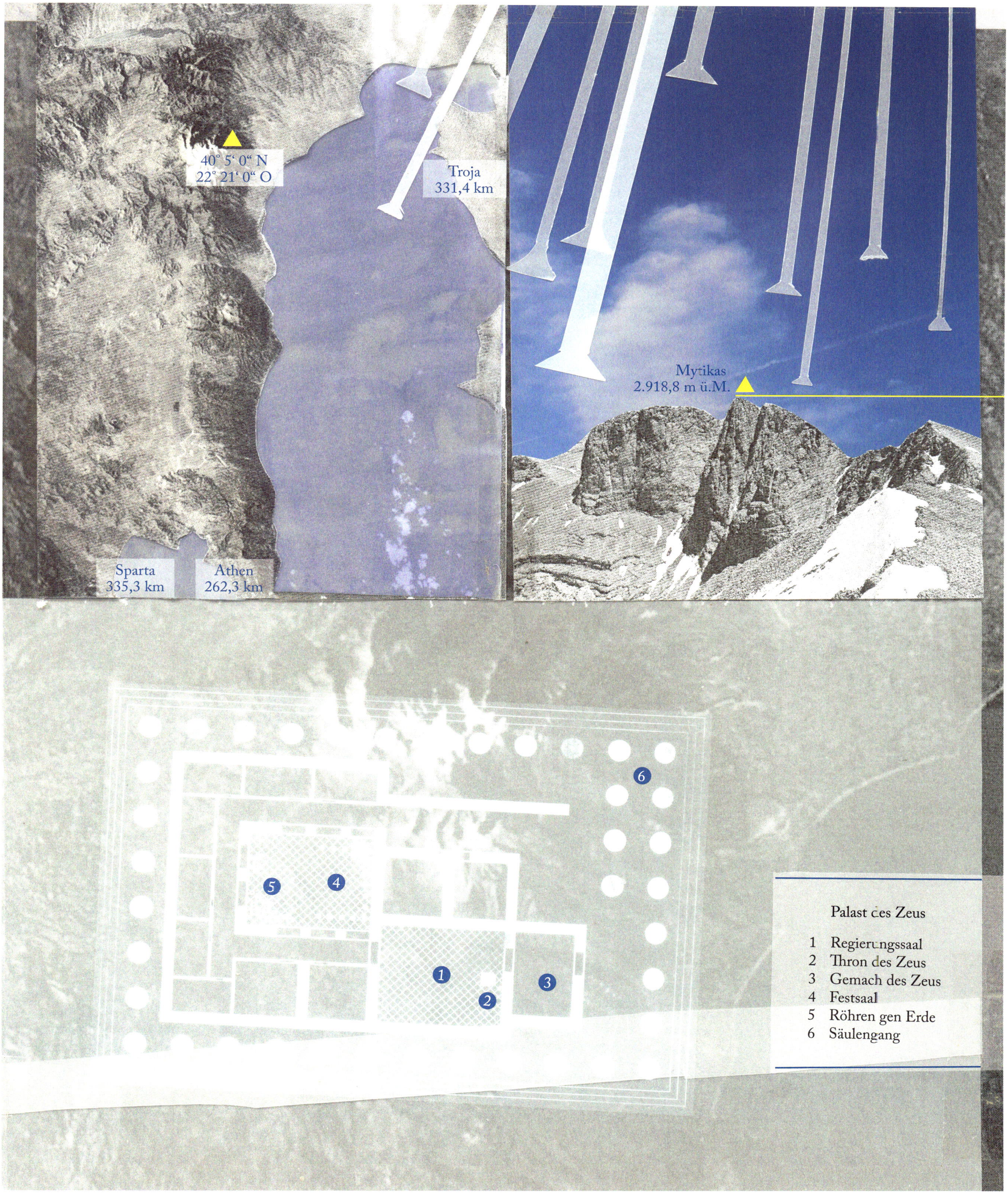
40° 5‘ 0“ N
22° 21‘ 0“ O
Troja
331,4 km
Sparta
335,3 km
Athen
262,3 km
Mytikas
2.918,8 m ü.M.
1
2
3
4
5
6
Palast des Zeus
1 Regierungssaal
2 Thron des Zeus
3 Gemach des Zeus
4 Festsaal
5 Röhren gen Erde
6 Säulengang

schwankungen beziehungsweise in den Zweideutigkeiten, die von ihnen ausgehen: So ist Dionysos zwar der Gott der Lebensfreude, des Genusses und des Rausches, damit verbunden aber auch ein zerstörerischer, gefährlicher und gefährdeter Gott.

Wohnen und Feiern, Streiten und Lachen

Gipfel des Olymp
Als Erster unternahm der deutsche Afrikaforscher Heinrich Barth im Jahr 1862 eine Besteigung des Olymp, konnte aber nicht bis zur Spitze gelangen. Die Ersten, die nachweislich den Gipfel des Olymp erklommen, waren 1913 der Schweizer Fotograf Fred Boissonnas, sein Freund Daniel Baud-Boy und der Hirte Christos Kakalos.

Aus Sicht der Irdischen leben die Götter des Olymp in nahezu grenzenlosem Luxus. Sie wohnen in goldenen Häusern und können, unsterblich, wie sie sind, ihre Tage in endlosen Trinkgelagen bei Nektar und Ambrosia zubringen. Das Klima ist mild und sie sind jeglicher Arbeit und jeglichem Leiden, mit Ausnahme des Leidens an den eigenen Begierden, enthoben. Neid, den die Menschen sicherlich angesichts ihrer Götter spüren, kann aber auch diese leiten, ebenso wie erotische Gier, Eifersucht und Hass. Von daher sind die großen Gelage, von denen auch Homer berichtet, sicherlich einer Außensicht geschuldet. Immer wieder kommt es zu Streitigkeiten zwischen einzelnen Göttern und Göttergruppen. Hades, der die Tochter seiner Schwester Demeter entführt und gewaltsam zu seiner Frau macht, sorgt ebenso für Streit und Missgunst wie der Ehebruch, den Aphrodite, die Liebesgöttin und gleichzeitig die Frau des Schmiedegottes Hephaistos, mit Ares, dem Kriegsgott, begeht – von Zeus' Abenteuern und Heras Eifersucht und Zorn gar nicht zu reden.

Ein Streit zwischen den Göttinnen Hera, Athene und Aphrodite darüber, wer von ihnen die Schönste sei, muss von Paris, einem Sohn des Königs von Troja, geschlichtet werden. Allerdings führt seine Entscheidung zugunsten von Aphrodite, die ihm für dieses Urteil die schönste Frau der Welt, Helena, versprochen hatte, zum Trojanischen Krieg und schließlich zu Trojas Untergang. Überhaupt stellt dieser Krieg die vielleicht stärkste Herausforderung für die Wohngemeinschaft der Götter dar, ordnen sie sich doch nicht nur verschiedenen Seiten zu, sondern greifen später auch zugunsten ihrer jeweiligen Parteien selbst in den Krieg ein. Odysseus kann den Krieg letztendlich auch nur deshalb zu seinen Gunsten entscheiden, weil Athene, schon wegen des gegen sie ausgefallenen Paris-Urteils, aufseiten der Festlandsgriechen steht.

Freilich haben die Götter auch einiges zu lachen, wie Homer berichtet. Als nämlich der betrogene Hephaistos seine untreue Frau und ihren Liebhaber in flagranti ertappt und in einem eigens dafür gefertigten Netz fängt, um seine Beschwerde über die Untreue seiner Ehefrau beim Göttervater im Beisein der anderen Götter zu untermauern, brechen diese in ein »langes Gelächter« aus, das als »homerisches Gelächter« in Erinnerung blieb. Zur Menschenähnlichkeit dieser Götter gehört wohl auch, dass unentschieden bleibt, ob sie dies aus Schadenfreude oder Vergnügen getan haben.

Oz
Die Smaragdstadt des Zauberers

Land/Ort	Lage	Größe	Bevölkerung	Wichtigste Stadt	Sehenswürdigkeiten	Weitere Orte/Weitere Länder
Oz	Königreich mitten in der Wüste, inzwischen unsichtbar	40 km × 40 km, ungefähr 1600 km²	Bewohner der Stadt Oz vier Bevölkerungsgruppen: Munchkins (Mümmler) Winkis Pummler Gillikins eine Prinzessin Hexen sprechende Tiere	Smaragdstadt	Glanz der Smaragdstadt Heißluftballon Fluggeräte und Zaubermittel Tal Voe	Provinz des Ostens (Land der Munchkins) Provinz des Westens (Land der Winkis) Provinz des Nordens (Land der Gillikins) Provinz des Südens (Land der Pummler) Zauberland Ev unterirdisches Zauberland Mangaboo Stadt der sprechenden Füchse

Lyman Frank Baum war ein amerikanischer Geschäftsmann, und er hatte Kinder. Schon als Unternehmer betrieb er mit wechselndem Erfolg unterschiedliche Geschäfte, die von der Herstellung von Schmieröl und dem Betrieb einer Hühnerfarm bis zur Herausgabe einer Zeitschrift für Dekorateure und der Publikation eines Buches über Hühnerzucht reichten. Seit 1882 verheiratet, hatte er sich angewöhnt, seinen Kindern selbst erfundene Gutenachtgeschichten zu erzählen, die er auf Anraten seiner Schwiegermutter, einer amerikanischen Frauenrechtlerin der ersten Stunde, bald auch als Bilderbücher auf den Markt zu bringen suchte. Seine Vorlagen stammten aus der Mitte des 19. Jahrhunderts, es waren die Märchen von Hans Christian Andersen und die Sammlung von Märchen und Sagen der Brüder Grimm, die er über seinen aus Deutschland in die USA eingewanderten Vater kennengelernt hatte. Baum nahm jedoch Anstoß an der veralteten Sprache, an der Form dieser Geschichten und auch an den unmodernen Inhalten. Er wollte moderne, zeitgemäße Märchen schreiben.

Mit dem im Jahr 1900 erschienen Buch »The Wonderful Wizard of Oz« gelang ihm dann der lang ersehnte Durchbruch. Das Buch um die Abenteuer der kleinen elternlosen Dorothy, die zusammen mit ihrem Hund Toto von einem Wirbelsturm aus Kansas, wo sie bis dahin bei ihrem Onkel und ihrer Tante wohnte, weggeweht wird und so ins Zauberland Oz gelangt, wurde sofort zum erfolgreichsten Buch der Saison. Ein

Autor

Lyman Frank Baum
amerikanischer Schriftsteller
* 15.5.1856 Chittenango, New York
† 6.5.1919 Los Angeles
schrieb mehr als 60 Bücher und um die vorletzte Jahrhundertwende das erfolgreichste Kinderbuch seiner Zeit

Erfolg, den das 1902 daraus entwickelte Musical mit der Musik von Julian Mitchell wiederholen konnte. Vor allem durch die 1939 erfolgte Verfilmung mit Judy Garland, einem der ersten Farbfilme überhaupt, sind die Geschichten um den Zauberer von Oz, die Prinzessin Ozma, Dorothy und ihren Hund sowie um ihre ebenso rührenden wie einprägsamen Begleiter, den schüchternen Löwen, der gerne mutig wäre, den Blechmann, der ein Herz, und die Vogelscheuche, die ihren Verstand sucht, zu einem Generationen übergreifenden Kulturgut geworden. Die seit den 1960er-Jahren immer wieder erfolgende Ausstrahlung des Films und zahlreiche Adaptionen in anderen Medien hat die Faszination an der Erzählung bis heute lebendig gehalten.

Das Land und seine Geschichte

Werk
Originaltitel
The Wonderful Wizard of Oz, 1900
The Marvelous Land of Oz, 1904
Ozma of Oz, 1907
Dorothy and the Wizard in Oz, 1908
The Road to Oz, 1909
The Patchwork Girl of Oz, 1913
Verfilmungen
The Wizard of Oz
(Regie: Victor Fleming, 1939)
The Muppet's Wizard of Oz
(Regie: Kirk R. Thatcher, 2005)

Schon bei ihrer unfreiwilligen Landung im Land der Munchkins, einem Teilgebiet des Landes Oz, greift Dorothy in die Geschichte des Zauberlandes ein, indem sie mit ihrem Farmhaus, das der Wirbelwind emporgehoben und weggeblasen hatte, die dort herrschende böse Hexe des Ostens erschlägt. Das Land Oz im Ganzen, nahezu quadratisch, wird nach allen Seiten von einem Wüstensaum umgeben, ist aber in seinem Inneren außerordentlich abwechslungsreich. Es gibt fruchtbare Felder und Wiesen, Wälder und Berge, gänzlich verschiedene Landschaften, in denen allerdings nicht nur freundliche Wesen wohnen. Ursprünglich und in späterer Zeit wieder wird es von einer freundlichen Prinzessin, der Prinzessin Ozma von Oz, beherrscht, die ihren Untertanen Gutes tut und dafür sorgt, dass niemandem etwas fehlt. Zu dem Zeitpunkt aber, an dem Dorothy dort landete, war die Prinzessin schon seit Längerem verschwunden. Stattdessen beherrscht nun ein mächtiger Zauberer das Reich und seine Hauptstadt, die Smaragdstadt, die mit ihrem Glanz ihrem Namen alle Ehre macht. Die Provinzen des Nordens (Land der Gillikins) und des Südens (Land der Pummler) sind jeweils von einer guten und die Provinzen des Westens (Land der Winkis) und des Ostens jeweils von einer bösen Hexe beherrscht.

Die Letztere – die böse Hexe vom Land der Munchkins – hat Dorothy bei der Landung ihres Farmhauses gerade erschlagen. Natürlich möchte Dorothy wieder nach Hause, und so raten ihr die dankbaren Munchkins, in die Hauptstadt zu gehen, um dort den mächtigen Zauberer von Oz um Hilfe zu bitten. Unterstützt von der guten Hexe des Nordens, die ihr ein paar Silberschuhe schenkt und sie mit einem Kuss unverletzbar macht, begibt sich Dorothy zusammen mit ihrem Hund Toto auf den Weg dorthin. Unterwegs lernt sie zunächst ihre drei weiteren Begleiter kennen, den Löwen, den Blechmann und die Vogelscheuche. Alle sind auf dem Weg in die Hauptstadt, da jeder Einzelne von ihnen einen besonderen Wunsch hat, von dem er hofft, dass der Zauberer

Wüste
Wüste
Provinz
des
Nordens
– Land der Gillikins –
Hexe des Westens
Zauberer von Oz
Smaragdstadt
Hexe des Ostens
Vogelscheuche
Feiger
Löwe
Blechmann
Provinz
des
Westens
– Land der Winkis –
Provinz
des Ostens
– Land der Munchkins –
Wüste
Provinz
des
Südens
– Land der Pummler –
Einöde
S.

Bearbeitungen im Comic
Der Zauberer von Oz
(Text: David Chauvel, Zeichnungen: Enrique Fernández, 2006)
The Wonderful Wizard of Oz
(Text: Eric Shanower, Zeichnungen: Skottie Young, 2009)

ihn erfüllen kann: Mut und Herz und Verstand. Der Zauberer erweist sich zunächst als eine geheimnisvolle und undurchdringliche Erscheinung. Er zeigt sich in verschiedenen Masken und fordert von den Besuchern, dass sie zunächst einmal das Land von der Herrschaft der bösen Hexe des Westens befreien. Tatsächlich lassen sich Dorothy und ihre durchaus auch ängstlichen und verzagten Begleiter auf dieses Wagnis ein, werden aber von der Hexe, die zusätzliche Unterstützung von den geflügelten Affen und anderen gefährlichen Tieren erhält, besiegt. Dorothy und der Löwe werden gefangen genommen und müssen Sklavenarbeiten leisten. Der Blechmann und die Vogelscheuche dagegen werden komplett zerstört. Dorothy aber ist ja dank ihrer Schuhe und des Kusses der guten Hexe unverletzlich. Es gelingt ihr, der bösen Hexe einen Eimer Wasser überzuschütten und diese so zu vernichten. Auch hier sind die befreiten Untertanen dankbar und helfen dabei, die Vogelscheuche und den Blechmann zu reparieren. Im weiteren Verlauf der Geschichte machen sie den wiederhergestellten Blechmann sogar zu ihrem König und damit zum Herrscher im Land der Winkis.

Somewhere over the Rainbow
Der Jazz-Standard (Musik Harold Arlen, Text E. Y. Harburg) wurde ursprünglich für den Film »The Wizard of Oz« geschrieben und 1939 von Judy Garland gesungen. In der Version des 1959 auf Hawaii geborenen Sängers Israel Kamakawiwo'ole († 1997) stürmte er seit seiner Wiederveröffentlichung im Jahr 2010 die internationalen Charts; in Deutschland war der Song die meistverkaufte Single des Jahres 2010.

Dorothy kehrt, vom Zauberer so nicht erwartet, in die Smaragdstadt zurück, um ihn nunmehr an sein Versprechen zu erinnern, sie nach Hause zu bringen. Der vermeintliche Zauberer zeigt sich diesmal von einer freundlichen Seite. Er gesteht, kein echter Zauberer zu sein, sondern lediglich ein gestrandeter Ballonfahrer aus Omaha, der einstmals ebenfalls vom Wind nach Oz verschlagen wurde. Allerlei Tricks und Verwandlungskünste waren es, die es ihm ermöglichten, sich den Einwohnern gegenüber als mächtiger Zauberer zu präsentieren. Um sein Versprechen einzulösen, ist er nunmehr bereit, seinen alten Heißluftballon zu reaktivieren und damit Dorothy nach Hause zu bringen. Zuvor aber gelingt es ihm, den Löwen, den Blechmann und die Vogelscheuche davon zu überzeugen, dass sie nicht weiter nach ihrem Ziel suchen müssen, da sie alles, was sie begehren, bereits in sich tragen: Mut, ein Herz und Verstand. Sie müssen nur lernen, an sich zu glauben. Ein bemerkenswerter amerikanischer Traum geht damit in Erfüllung. Auch Dorothy kommt schließlich mithilfe des Ballonfahrers, der silbernen Schuhe und dem Rat der guten Hexe des Südens folgend endlich wieder zu Hause an.

Eine Kinder-Utopie

Aufgrund des Erfolges seiner Geschichte und weil es noch so viel mehr zu erzählen gab, hat Baum in den folgenden Jahren das Spektrum seiner Erzählungen von Oz erweitert. Dorothy entwickelt die Fähigkeit, immer wieder nach Oz und zugleich auch immer wieder nach Hause zu kommen. Sie bereist mit ihren Gefährten zahlreiche andere Länder, die teils benachbart, teils in einiger Entfernung von Oz liegen. Und anstelle des Zauberers von Oz, der freilich in einer der späteren Geschichten (»Dorothy und der Zauberer in Oz«) auch wieder in Erscheinung tritt, steht nunmehr in mehreren Romanen die gute Prinzessin Ozma als Helferin zur Verfügung. Allerdings muss sie dazu erst einmal gefunden werden, sie war ja bei Dorothys erster Ankunft in Oz bereits für längere Zeit verschwunden. Mehr noch, sie muss sich dazu erst einmal selbst finden und sich gegen verschiedene Feinde und Machenschaften zur Wehr setzen. So berichtet der zweite Roman »Im Reich des Zauberers von Oz« zunächst vom Kampf des kleinen Jungen Tip, der im Land der Gillikins lebt, gegen seine Pflegemutter Mombi, die er für eine Hexe hält. Auf seiner Flucht vor deren Nachstellungen trifft Tip auf die inzwischen von einer Gruppe von Mädchen unter Anführung der Generalin Jinjur aus der Smaragdstadt vertriebene Vogelscheuche. Auch der Blechmann tritt wieder auf, ferner Jack Kürbiskopf und ein riesiger Quasselkäfer. Mithilfe der guten Fee Glinda und ihren Truppen gelingt es den Freunden schließlich, die Smaragdstadt zurückzuerobern, und es stellt sich heraus, dass Tip in Wirklichkeit die von der Hexe Mombi verzauberte Prinzession Ozma ist, die nunmehr die Zeit der guten Herrschaft in der Stadt aufs Neue beginnen lässt.

Auch die weiteren Geschichten, die Reisen in die Zauberländer Ev und Mangaboo, in die Stadt der sprechenden Füchse, ins Tal Voe und in zahlreiche weitere Länder bieten neben spannenden Abenteuern die Möglichkeit, fantastische Landschaften und ein grotesk-komisches Personal in Szene zu setzen. Es ist kein Wunder, dass die Geschichten um Dorothy und ihre Freunde auch im Comic bearbeitet wurden und in diesem Genre nicht selten mit »Alice im Wunderland« verglichen werden. Tatsächlich handelt es sich aber um einen amerikanischen Traum, der von der Gleichheit aller (guten) Menschen ausgeht und allen die Fähigkeiten zuspricht, die sie brauchen, um ihren Wunsch nach Glück zu erfüllen. In den wohlgeordneten Verhältnissen der Smaragdstadt können Hinweise darauf gesehen werden, dass es sich bei dieser Kindergeschichte auch um eine Utopie handelt, die von einer Gesellschaft erzählt, in der Freiheit und Glück, das Wohlergehen der Menschen und die Versorgtheit aller mit den Gütern des Lebens im Vordergrund stehen. Nicht zuletzt wegen des Verdachts, dass es sich bei Baums Erzählungen um den Zauberer von Oz auch um einen politischen Text handeln könnte, der das Bild einer auf sozialer Gleichheit beruhenden Gesellschaft entwirft, wurde das Buch in den 1950er-Jahren im Zuge der damaligen Kommunistenfurcht aus vielen Bibliotheken der USA entfernt. Im Osten dagegen hatte bereits in den 1930er-Jahren der russische Autor Alexander Wolkow den »Zauberer von Oz« entdeckt und für die sowjetische Kinderliteratur bearbeitet. Über diesen Umweg haben dann seit den 1950er-Jahren viele Leserinnen und Leser in der DDR den Zauberer von Oz kennen und schätzen gelernt.

Toto

Zahlreiche Pop- und Rockbands haben in verschiedenen Titeln und Songs Anspielungen auf Dorothy und ihre Geschichten untergebracht, u.a. Pink Floyd und Elton John. Die kalifornische Rockband Toto übernahm den Bandnamen von Dorothys Hund, der sie bei ihren Abenteuern in Oz begleitete.

Paradies
Garten aller Gärten

Land/Ort	Lage	Größe	Bevölkerung	Wichtigster Ort	Weitere Orte	Sehenswürdigkeiten
Paradies	In oder jenseits von Eden, wo Euphrat und Tigris fließen, zwischen Gichon (Nil?) und Pischon (Ganges?)	Von überschaubarer Größe, etwa 600 km^2	Gott Engel Heilige Selige alle Gerechten für kurze Zeit auch Adam und Eva	Thron Gottes	Himmlisches Jerusalem Land Hawila Land Kusch	Apfelbaum Schlange Gartenmauer Flüsse und Auen Häuser aus Zedernholz, Silber, Gold und Edelsteinen

Autor
Dante Alighieri
italienischer Schriftsteller
* Mai oder Juni 1265 Florenz
† 14.9.1321 Ravenna
gilt als Begründer der neuzeitlichen italienischen Literatur; beschrieb in seiner »Göttlichen Komödie« eine Gesamtschau der damals vorhandenen Vorstellungen von der Schöpfung

Für den italienischen Dichter Dante Alighieri, der um 1300 an der Schwelle zur Neuzeit eine Gesamtschau des von Gott geschaffenen Universums entwarf, war das Paradies ein Lichtermeer, in dem sich die antiken Vorstellungen von einem geordneten Kosmos der Sterne mit mystischen Vorstellungen einer jenseits der Erde gelegenen Sphäre des Lichts mischten. Gott selbst stand im Zentrum des Lichts und alle Paradiesbewohner hatten ihre irdischen Leiber, so sie denn welche gehabt hatten, zugunsten ihrer Lichtgestalt abgelegt. Der Weg dorthin führte den Menschen aus dieser in eine andere Welt, die freilich zumindest in jener Hinsicht mit ihrer irdischen Wirklichkeit verbunden war, dass von ihr gewusst wurde und sich der Mensch auch dahin träumen konnte. Als ein Ort der Entrückung und des Heils, als ein Land ohne Leid und Tod, ist es nicht von dieser Welt und stellt doch in dieser Welt eine offensichtlich unverzichtbare Bezugsgröße dar.

Ein Garten im Osten

In den meisten Überlieferungen wird das Paradies als Garten beschrieben. Das Wort kommt aus dem Altiranischen (Avestischen) und bezeichnet dort einen »eingefassten

Bereich«, der dann im Griechischen im Sinne eines Parks oder Tiergartens verstanden wurde. Sicherlich treten in dieser Vorstellung Träume und Wunschprojektionen von Wüstenbewohnern zutage, denen jene am Rande der Wüste gelegenen Oasen mit Quellwasser und Schatten, Bäumen, Früchten und Tieren als ein Platz der Erholung und der Sicherheit und somit als Ort der Erfüllung aller irdischen Wünsche erscheinen musste.

Ein Aufenthalt im Paradies und die Möglichkeit, dort das Antlitz Gottes zu schauen und in seiner Gegenwart zu wohnen, war den Überlieferungen zufolge zunächst – abgesehen von den Engeln – nur den Heiligen, den Seligen und den Gerechten erlaubt, also jenen Menschen, die sich durch ein gottgefälliges Leben und besondere Heilstaten hervorgetan hatten. Wie in anderen Mythen gehen auch bei den Paradiesvorstellungen, soweit sie sich auf die monotheistischen Religionen des Vorderen Orients beziehen, zuweilen Anfangs- und Endzustand der Weltgeschichte ineinander über. Das Paradies stand am Anfang, war der Garten, den Gott seinen Geschöpfen Adam und Eva und ihren Nachkommen zugedacht hatte und aus dem sie nach dem selbst verschuldeten Sündenfall vertrieben wurden. In dieser Vorstellung hatte das Paradies dann auch einen geografisch-historischen Ort und wird – an den Anfang beispielsweise aller Zeitenrechnung gestellt – im Gebiet des Zweistromlands zwischen Euphrat und Tigris oder in deren Quellgebiet, also auf dem Gebiet des heutigen Irak, oder im heutigen Armenien gesucht. Dass dies auch der Ort Gottes und der von ihm Auserwählten war, liegt dabei nahe. Ebenso die Vorstellung, dass dieser Ort am Anfang aller Zeiten von Gott den Menschen zugewiesen worden war und sie, nachdem sie ihn verloren hatten, darauf hoffen konnten, dorthin wieder zurückzukehren. Dies ist zumindest Thema und Lehre aller aus dem Orient kommenden monotheistischen Religionen und zahlreicher häretischer Überlieferungen.

Im Alten Testament bietet das Buch Genesis (2,8–15) für diese Tradition der Paradiesvorstellung dann auch die Ausgangsbeschreibung. Gott schuf einen Garten im Osten, in Eden, und lies dort Bäume und Früchte für die von ihm geschaffenen Menschen Adam und Eva (Hawa) wachsen. Einzig die Früchte von dem in der Mitte des Gartens stehenden Baum zu essen war ihnen verboten, woran sie sich, wie bekannt, freilich nicht hielten. Der Garten wurde von den vier Flüssen Euphrat, Tigris, Pischon (vielleicht der Ganges) und Gichon (vielleicht der Nil) durchzogen und bewässert. Anderen Überlieferungen zufolge, zumal denen der jüdischen mystischen Tradition, war der Garten auch von einer Mauer umgeben, wobei hierfür auch Erinnerungen an assyrische oder babylonische Tempel- und Palastgärten herangezogen werden können. Oder er bestand aus sieben oder mehr Pforten und Häusern, die nach Vertreibung der Menschen aus dem Paradies von Gott, seinen Engeln und anderen Gerechten bewohnt wurden. Auch wurde, wenn vom Paradies als Sitz Gottes berichtet wurde, der Thron des himmlischen Herrschers in der Mitte des Paradieses platziert.

Reisebuch des Ritters Mandeville

In seinem im 14. Jahrhundert verfassten, sowohl im Spätmittelalter als auch in der frühen Neuzeit viel beachteten phantastischen Reisebericht behauptet der Verfasser auch, bis an die Mauern des Paradieses, den »Anfang der Welt im Osten«, gelangt zu sein. Leider war es ihm als Menschen nicht möglich gewesen, die Mauern zu überwinden oder einen Blick hineinzuwerfen.

Ein Raum und viele Anschauungen

Das verlorene Paradies
In dramatischer Weise schildert der englische Dichter John Milton in seinem epischen Gedicht »Paradise lost« von 1667 den Sündenfall Adams und Evas, ihre anschließende Vertreibung aus dem Paradies und somit den Eintritt des Menschen in die Geschichte.

Nach der Vertreibung der Menschen ging das Paradies allerdings nicht unter, sondern blieb in den Glaubensüberzeugungen der Juden, Christen und Muslime als Aufenthaltsort und Reich Gottes erhalten, es wurde bewacht, und zuweilen gelang es einzelnen irdischen Personen sogar, einen Blick hineinzuwerfen oder zumindest davon zu träumen. Propheten sprachen davon ebenso wie Mystiker. Der jüdischen Überlieferung zufolge gelang es manchem Rabbi, die Mauern des Paradieses zu überwinden und einem von ihnen, einem ebenso neugierigen und gelehrten wie gottgefälligen Mann, Rabbi Jehoschua ben Lewi, wurde von Gott selbst erlaubt, schon vor der Zeit zu bleiben, nachdem er zunächst unerlaubterweise eingedrungen war. Da sich bei Nachforschungen ergeben hatte, dass er zuvor noch nie ein Gelübde gebrochen hatte, ermöglichte ihm Gott damit, auch diesmal sein Gelübde zu halten, nämlich das einmal erschaute Paradies nie mehr zu verlassen. Dante beschreibt das Paradies, das er in einer Traumreise, begleitet von seiner Geliebten Beatrice, besuchen kann, vor dem Hintergrund seiner zeitgenössischen Welt. Schon bei seiner Wanderung durch das Fegefeuer und erst recht in der Hölle hatte er eine ganze Reihe von Zeitgenossen, ja sogar Freunde und Konkurrenten aus Oberitalien, getroffen und sich mit ihnen unterhalten können. Nunmehr im Paradies erhält er eine ebenso anschauliche wie überzeugende Einführung in die Geheimnisse seines Glaubens.

Als Wunschraum eines Lebens ohne Tod und Angst, in Sicherheit und Wohlstand, auch als Ort der Erfüllung irdischer Freuden, begleitet die Vorstellung vom Paradies die Menschheit zumindest seit den Hochkulturen im Mesopotamien des 2. Jahrtausends vor Christus. Für die Gläubigen existiert es auch während aller Zeiten eben dort, wo Gott ist, und bildet je nach Glaubensvorstellung auch den Aufenthaltsort aller von ihm Erwählten. Schließlich verknüpft sich die Vorstellung des Paradieses, eines Goldenen Zeitalters oder eines Landes der Seligen auch mit Erwartungen an die Zukunft. Am Ende aller Zeiten steht eine aufs Neue erlöste Welt, eine Vorstellung, die in verschiedenen innerweltlichen Heilsprogrammen auch dazu herangezogen wurde, nicht nur die Verbesserung der Lebensverhältnisse der Menschen innerhalb der historischen Zeiten anzustreben, sondern von einem in der Zukunft möglichen Reich der Freiheit und des Glücks sowie von einer Überwindung des Todes im Diesseits zu träumen. So stellte sich etwa der deutsche Dichter, Theologe und Geschichtsphilosoph Johann Gottfried Herder im 18. Jahrhundert die künftige Entwicklung einer Weltkultur als blühenden »Weltengarten« vor, eine Vielfalt von Farben, Formen und Gestalten, die in einem friedlichen, freien Miteinander an der eigenen und wechselseitigen Entwicklung und damit einer im Ganzen blühenden Landschaft arbeiteten.

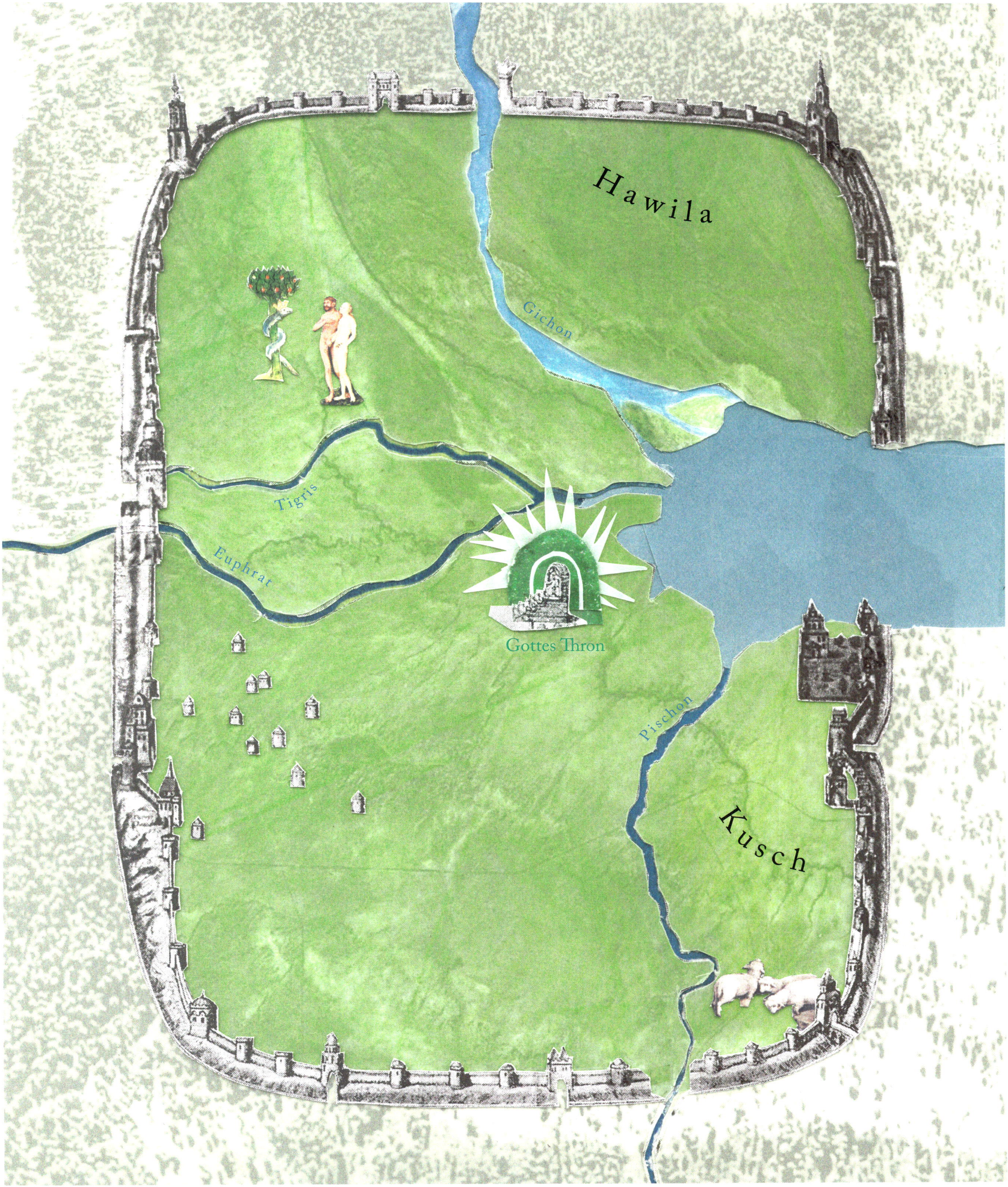
Hawila
Gichon
Tigris
Euphrat
Gottes Thron
Pischon
Kusch

Wunschraum und Gegenbild

Künstliche Paradiese

Im Gegenzug zu der mit dem 19. Jahrhundert sich abzeichnenden Industriegesellschaft waren es vor allem die Künstler der Romantik und der an sie anschließenden Epochen, die wie E.T.A. Hofmann, Hector Berlioz oder Charles Baudelaire, die mithilfe von Literatur und Musik versuchten, Zustände zu beschreiben, ja zu schaffen, in denen sich die Begrenzungen und Leiden des irdischen Lebens als überwunden erfahren ließen; mitunter wurden dazu auch Rauschmittel herangezogen.

Zunächst spielt das Paradies in religiöser Hinsicht eine wichtige Rolle, beschreibt es doch – zumindest für diejenigen, die gottgefällig leben – den Aufenthaltsort nach dem Tod und den Zustand einer im Ganzen erlösten und befriedeten Welt nach ihrem historischen Ende. Zugleich bietet die Vorstellung von Paradies aber auch die Möglichkeit, für eine Kritik der Verhältnisse in dieser Welt eine Art Wunschraum und Gegenbild zu entwerfen. Da sich hier die unterschiedlichsten Erfahrungen und Wünsche spiegeln, kann das Paradies gänzlich verschieden ausgemalt werden: Ein Land ohne Tod, ein Reich des Friedens und eines Lebens im Überfluss; aber auch ein Leben in geistiger Disziplin und Mäßigung, in einer kontemplativen Erfahrung Gottes, sind vorstellbar und können ebenso in die Paradiesvorstellungen aufgenommen werden wie ganz konkrete Erwartungen an ein Land sinnlicher Freuden, die vom Wein und Nektar bis zur erotischen Liebe reichen können.

Während sich das Mittelalter das Paradies auch als eine Stadt im Goldglanz vorstellte, als Lebensraum, der Sicherheit und Ordnung garantiert, die durch einen weisen, guten, allmächtigen Gottkönig hergestellt werden, so wie es in verschiedenen mittelalterlichen Bildern der himmlischen Stadt Jerusalem gezeigt wird, haben sich die Vorstellungen vom Paradies seit dem 19. Jahrhundert nicht zuletzt unter dem Einfluss der Zivilisationskritik des französischen Philosophen Jean-Jacques Rousseau erneut dem Garten, ja der Verwilderung und der Wildnis als Erscheinungsformen des Paradieses in dieser Welt zugewandt. Paradiesische Strände sind für uns heute Strände, an denen noch nie jemand war, an denen wir so tun können, als wären wir als Erste und Einzige dort und als wären wir alles andere als zahlende Touristen. Noch immer dienen die Vorstellungen eines Zustandes, in dem alle Sehnsucht gestillt werden kann, möglicherweise auch alle Wünsche in Erfüllung gehen, als Korrektiv und Gegenentwurf, auch als Projektions- und Kompensationsraum für alles das, was Menschen sich wünschen, auch wenn sie es offensichtlich (noch) nicht haben.

Phantásien

Ein Land zwischen den Büchern

Land/Ort	Lage	Größe	Bevölkerung	Wichtigste Stadt	Weitere Orte	Sehenswürdigkeiten
Phantásien Land und Karte	Unter dem Kopfkissen auf dem Schreibtisch in einer Hängematte in einer Wolke	Unendlich groß und so unendlich klein, so klein wie ein Sandkorn und so dick wie ein Buch	Felsenbeißer und Nachtalben Winzlinge und Irrlichter Hexen, Vampire und Gespenster Grünhäute und Borkentrolle	Elfenbeinturm	Amargánth, Stadt auf Silberschiffen Stadt der Feuerwesen Brousch Spukstadt Sternenkloster Gigam Stadt der Nichtssagenden (Alte Kaiser Stadt) Hafenstadt Yskál	Silberberge Gläserne Türme von Eribo Gräsernes Meer Garten Orglais Zauberschloss Hórok Bibliothek von Amargánth

Bastian Balthasar Bux, ein kleiner, unbeholfener, etwas dicklicher, einsamer und eher schlechter Schüler flüchtet vor den Hänseleien seiner Mitschüler in ein Buchantiquariat und trifft dort auf dessen Inhaber Karl Konrad Koreander, der gerade in einem seiner Bücher schmökert und Kinder nicht leiden kann. Während Koreander kurz den Raum verlässt, ist Bastian allein vom Titel dieses Buches, der eine Geschichte ohne Ende verspricht, schon so fasziniert, dass er es unerlaubt mitnimmt und sich mit ihm auf einen Dachboden verzieht, um dort mit dem Lesen zu beginnen. Lesen, die Sehnsucht nach Geschichten ohne Ende, so wird es jedenfalls am Beginn von Michael Endes Weltbestseller »Die unendliche Geschichte« nahegelegt, übt offensichtlich einen eigenen Sog aus, dem sich vielleicht auch diejenigen nicht entziehen können, die gerade eben den Anfang dieses Buches kennengelernt haben. Nach seinem Erscheinen im Jahr 1979 stand das Buch 113 Wochen lang auf Platz 1 der Spiegel-Bestsellerliste, es wurde in über dreißig Sprachen übersetzt und weltweit wohl mehr als zehn Millionen Mal verkauft.

Ende erzählt darin eine Geschichte, die mit vielen Anspielungen auf andere Geschichten und Bücher, mit einem vielgestaltigen, überbordenden Personal und mit dem Märchenelement der Verwandlung, von der Macht, den Reizen und der Ausstrahlungskraft der menschlichen Fantasie handelt, ebenso aber auch von den Grenzen der

AUTOR
Michael Ende
deutscher Schriftsteller
* 12.11.1929 Garmisch-Partenkirchen
† 28.8.1995 Filderstadt
Endes teils vom Surrealismus, teils von der Romantik inspirierte Kinder- und Jugendbücher sind aus keiner Bibliothek wegzudenken

Fantasie und ihren Gefährdungen, nicht zuletzt auch von der Gefahr, sich und die Welt in eben den erfundenen Welten zu verlieren, von denen doch auch Impulse zur Rettung und Stärkung des Lebens in dieser wirklichen Welt ausgehen können.

Dass eine solche Rettung eher von Kindern, sei es von dem etwa elfjährigen Bastian in der hiesigen, sei es von dem ungefähr gleichaltrigen Atréju in der dortigen Welt, zu erwarten ist, gehört dabei zu Endes Ansatzpunkten und verbindet seine Weltvorstellungen mit den Kindheitsvorstellungen der europäischen Romantik um 1800. Erwachsene sind danach in ihren Empfindungen und ihrer Entschlusskraft schon zu sehr von eigenen Erfahrungen und den Anforderungen einer modernen Welt verbraucht, als dass sie sich noch einmal mit der Macht der Träume und der Fantasie an der Veränderung der Welt und der Rettung ihrer Träume beteiligen könnten.

Ein Reich ohne feste Grenzen

Werk (Auswahl)

Jim Knopf und Lukas der Lokomotivführer, 1960
Jim Knopf und die Wilde 13, 1962
Momo, 1973
Die unendliche Geschichte, 1979
Norbert Nackendick oder das nackte Nashorn, 1984
Der satanarchäolügenialkohöllische Wunschpunsch, 1989
Der lange Weg nach Santa Cruz, 1992

Verfilmungen

Jim Knopf und Lukas der Lokomotivführer (Augsburger Puppenkiste), 1961; in Farbe 1977
Jim Knopf und die Wilde 13 (Augsburger Puppenkiste), 1962; in Farbe 1978
Die unendliche Geschichte (Regie: Wolfgang Petersen, 1984)
Momo (Regie: Johannes Schaaf, 1986)

Phantásien, das ist das Land der Fantasie, eine Landschaft und Karte, die in ihren Ausdehnungen und Veränderungen eben auch die wechselnde, unfassbare, ebenso produktive wie allerdings auch offensichtlich erschöpfbare, zerstörbare Schöpferkraft des menschlichen Vorstellungsvermögens selbst spiegelt. Damit ist das Reich der Fantasie ebenso auf Erfindergeist und Innovation, auf Sprachkunst und Originalität angewiesen wie das Land Phantásien auf lebendige, menschliche Besucher. Gerade in dem Moment, als Bastian mit dem Lesen beginnt, sind das Reich und seine Kindliche Kaiserin jedoch von einer rätselhaften Krankheit befallen. Während die Kaiserin immer schwächer wird, berichten Boten aus verschiedenen Gebieten davon, dass ganze Teile ihres Reiches einfach verschwinden, aufgesogen werden von der Macht des Nichts. Atréju, der zum Volk der Grünhäute gehört und im Gräsernen Meer lebt, wird, so liest es Bastian in seinem Dachbodenversteck, damit beauftragt, nach den Ursachen zu forschen und Hilfe zu suchen. Bevor er seine Reise antritt, erhält Atréju noch das Zauberamulett AURYN, das als magisches Zeichen der Kindlichen Kaiserin auch im weiteren Verlauf der Geschichte eine wichtige Rolle spielt. Auf seiner Vorderseite zeigt es – wie das Yin und Yang-Zeichen – zwei ineinander verschlungene Schlangen; auf seiner Rückseite steht der Leitsatz »Tu, was du willst«.

Atréjus Reise führt ihn vom Wohnsitz der Kaiserin, einem riesigen Elfenbeinturm, der in Form einer Schneckenmuschel bis zu den Wolken reicht und als eigene Stadt in der Mitte ihres Reiches liegt, durch die unterschiedlichsten Landschaften zunächst einmal immer nach Süden. Gemeinsam mit seinem Pferd Artax muss er die Silberberge überwinden, kommt durch das Land der Singenden Bäume, passiert die Gläsernen Türme von Eribo und die Stadt Brousch, das Land der Sassafranier, die als

Das Gräserne Meer
Silberberge
Die Singenden Bäume
Türme von Eribo
Atréjus Pfad
Stadt Brousch
Land der Sassafranier
Urwaldtempel von Muamath
Sümpfe der Traurigkeit
Amarganth
Elfenbeinturm der Kindlichen Kaiserin

Greise geboren werden und als Kleinkinder sterben, den Urwaldtempel von Muamath und die Sümpfe der Traurigkeit. Schließlich erfährt er von der uralten Schildkröte Morla, dass er, um die Kaiserin und das Reich zu retten, ein Wesen finden muss, das nicht zu Phantásien gehört und das in der Lage ist, der Kaiserin einen neuen Namen zu geben, wodurch diese wieder neue Kraft erhält. Ebenso wird das Reich wieder größer, wenn neue Wünsche geäußert und neue Geschichten erfunden werden. Es folgen weitere außerordentlich spannende Abenteuer. So befreit Atréju den Glücksdrachen Fuchur, der fortan sein Freund und Begleiter wird, aus den Netzen einer grässlichen Spinne, durchschreitet mehrere Portale und erfährt schließlich von der gestaltlosen Stimme Uyulála, dass er versuchen muss, einen Menschen für eine Reise nach Phantásien zu gewinnen. Beim Lesen dieser Geschichten verstricken sich die Vorstellungen des lesenden Bastian freilich immer mehr mit den Geschehnissen der Erzählung, bis er schließlich bemerkt, dass er selbst schon in Phantásien lebt und nunmehr an den weiteren Abenteuern nicht nur teilnimmt, sondern diese zum großen Teil mit seinen Träumen und Wunschvorstellungen selbst erzeugt. Indem er die Kindliche Kaiserin mit einem neuen Namen, Mondenkind, anredet, vermag er ihre Krankheit zu heilen. Dass er sich darüber hinaus weitere Geschichten und Abenteuer vorstellt, die alle auch sofort anfangen, tatsächlich zu passieren, dass er neue Namen erfindet und die vorhandenen Figuren und Personen aufs Neue miteinander verbindet, hat zur Folge, dass das zuletzt auf die Größe eines Sandkorns zusammengeschrumpfte Reich wieder wächst, die Ausdehnung und die Macht des Nichts durch die Macht der Fantasie zurückgedrängt werden.

Finden und verlieren, vergessen und erinnern

Natürlich ist kein Mensch in der Lage, alles auf einmal ganz neu zu schaffen. So erleben Bastian und Atréju, deren Freundschaft zeitweise auch auf eine harte Probe gestellt wird, eine ganze Palette unterschiedlicher Abenteuer, die aus anderen Büchern, Märchen und den Schilderungen verschiedener Traditionen übernommen sind, alle aber genutzt werden können, um gegen die Vernichtung der Welt durch das Nichts die Farbigkeit und Kraft der menschlichen Fantasie zu behaupten. Ritter- und Heldengeschichten gehören ebenso dazu wie Zwerge, Gespenster und der Löwe Graógramán, der Herr einer Farbenwüste, der auch der »Bunte Tod« genannt wird. Vom Löwen erhält Bastian ein Schwert, das es ihm nunmehr ermöglicht, endlich an den schon lang erträumten Wettkämpfen und Turnieren teilzunehmen, von denen auch andere Geschichten berichten. In diesem Zusammenhang gelangt er in die Stadt Amargánth, die aus Häusern auf schwimmenden Silberschiffen besteht. Bastian erweist sich aber nicht

Musik
Die Musik zur ersten Verfilmung der »Unendlichen Geschichte« durch Wolfgang Petersen wurde von dem Jazzmusiker Klaus Doldinger komponiert. Der von Giorgio Moroder und Keith Forsey komponierte Titelsong »Never Ending Story« wurde von dem britischen Sänger Limahl gesungen und schaffte es in Deutschland bis auf Platz 2 der Charts; auch in England und den USA kam er unter die Top Twenty.

nur als Held in vertrauten Abenteuern, er träumt auch davon, sich in einem Wettkampf der Geschichtenerzähler messen zu können. Kaum gewünscht, schon ist der Wunsch erfüllt, als das Stadtoberhaupt von Amargánth einen solchen Wettbewerb ausruft. Bastian selbst erzählt dabei, wie es zur Gründung dieser seltsamen Stadt kam, muss allerdings feststellen, dass die Einwohner der Stadt ihre eigene Vorgeschichte gar nicht mehr kennen. Noch bevor er sich davon irritiert zeigen kann, wird er zur Belohnung in die berühmte Bibliothek von Amargánth geführt, in der sich vielleicht alle Bücher befinden, die die Welt jemals hervorgebracht hat. Es folgen weitere Abenteuer, unter anderem im Zaubergarten der Hexe Xayíde, in dem ausschließlich fleischfressende Orchideen blühen. Bastian und seine Begleiter werden von der Hexe überwältigt. Xayíde bestärkt ihn in der Absicht, sich – nachdem die Kindliche Kaiserin inzwischen verschwunden ist – zum Kaiser des Landes zu machen. Allerdings muss wegen des Streits darüber mit Atréju und dem nachfolgenden Duell die geplante Kaiserkrönung erst einmal ausfallen.

Die Macht der Bücher

Bastian hat sich während dieser vielen Abenteuer sehr verändert. Aus dem kleinen schüchternen Jungen ist ein ebenso mutiger wie tatkräftiger Held geworden. Dabei ist er immer tiefer in die Welt Phantásiens eingetaucht und hat nicht gemerkt, dass er die Erinnerung an sein früheres Leben mehr und mehr verliert. Erst ein Besuch in der Alten Kaiser Stadt, in der nur solche Leute leben, die wegen ihres Wunsches, Kaiser zu werden, alles andere vergessen haben und nun gar nicht mehr wissen, warum sie da sind, wird ihm dieser Zusammenhang klar. Jeder erfüllte Wunsch im Land der Fantasie geht mit einem Verlust der Erinnerung an das eigene Leben in der realen Welt einher. Gerade noch rechtzeitig, bevor er sich ganz an die Welt der Bücher verliert, wird Bastian an Freundschaft und an die Liebe zu seinem Vater erinnert. Nachdem sich Atréju bereit erklärt hat, die von Bastian in Phantásien begonnenen Geschichten zu Ende zu führen, ist er wieder frei. Gemeinsam mit seinem Vater, der nach dem Tod der Mutter zu traurig war, um auch mit ihm etwas zu unternehmen, startet er in ein neues Leben: Als Mensch, der aus der Kraft der Fantasie nunmehr Selbstbewusstsein und die Fähigkeit zur Zuneigung gewonnen hat.

Bücher können, so Endes Entwurf, einen Fluchtraum, aber auch eine Gegenwelt zur wirklichen Welt darstellen, und Menschen sind offensichtlich in der Lage, sich in beiden Welten aufzuhalten. Ohne die Produktivkraft Fantasie gäbe es wohl auch keine von den Menschen gestaltbare wirkliche Welt.

Oper

Eine Opernbearbeitung der »Unendlichen Geschichte« durch den Komponisten Siegfried Matthus wurde im Jahr 2004 zugleich in Trier und Weimar uraufgeführt.

Robinson Crusoes Insel
Im Labor der Frühmoderne

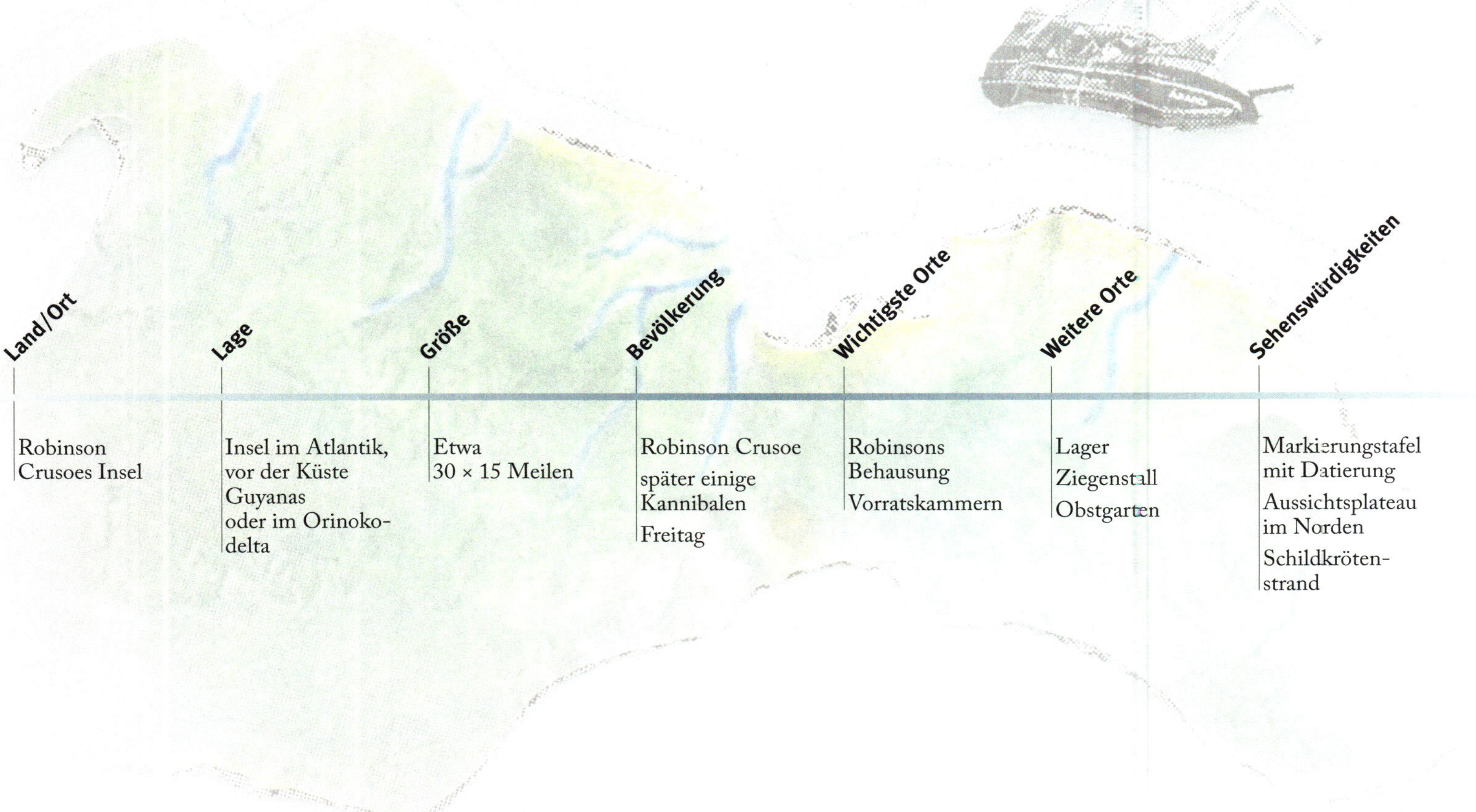

Land/Ort	Lage	Größe	Bevölkerung	Wichtigste Orte	Weitere Orte	Sehenswürdigkeiten
Robinson Crusoes Insel	Insel im Atlantik, vor der Küste Guyanas oder im Orinokodelta	Etwa 30 × 15 Meilen	Robinson Crusoe später einige Kannibalen Freitag	Robinsons Behausung Vorratskammern	Lager Ziegenstall Obstgarten	Markierungstafel mit Datierung Aussichtsplateau im Norden Schildkrötenstrand

AUTOR
Daniel Defoe
englischer Schriftsteller
und Publizist
* um 1660 London
† 5.5.1731 London
mit dem Ansatz, eine erfundene Geschichte realistisch zu gestalten und sich auf Tatsachen zu beziehen, gilt er als der erste moderne englische Romanautor

Als der Kaufmann und Plantagenbesitzer Robinson Crusoe am 30. September 1659 als einziger Überlebender eines Schiffbruchs auf eine einsame gottverlassene Insel vor der Nordostküste Südamerikas in der Nähe der Mündung des Orinoko verschlagen wird, ist er in Wirklichkeit alles andere als von Gott verlassen. Immerhin verfügt er über vier Hilfsquellen, von denen die wichtigsten der Glaube an Gott und das Vertrauen in die eigene Verstandeskraft sind. Hinzu kommen die Natur sowie die Güter, die er aus dem sinkenden Wrack des Schiffes noch retten kann. Alle vier Elemente sind wesentlich für das sich zu Beginn des 18. Jahrhunderts abzeichnende Weltbild der Aufklärung. Neben der spannenden Frage, ob und wie der gestrandete Mensch auf der einsamen Insel ohne äußere Hilfe überleben kann, sowie der Schilderung der verschiedenen Abenteuer mit Kannibalen und Piraten macht auch die spezielle Anordnung jener vier Kräfte, die – quasi wie in einer Laborsituation – auf ihre Wirkungsweisen hin untersucht werden, die Attraktivität des Buches aus. Gott, die Natur, der Mensch selbst und die von den gesellschaftlich-historischen Umständen bereitgestellten Güter und sozialen Beziehungen waren für das Denken der zeitgenössisch in Erscheinung tretenden bürgerlichen Gesellschaft ebenso bestimmend, wie sie noch heute als Eckpunkte der Orientierung in modernen Gesellschaften eine Rolle spielen. Zur Ausgestaltung der Details in der Geschichte um Robinson Crusoe nutzte der Autor Daniel Defoe die Aufzeichnungen des schottischen Seemanns Alexander Selkirk, der von 1704 bis zu seiner Rettung 1709 tatsächlich allein auf einer der drei Juan-Fernández-Inseln westlich von Chile gelebt hatte und dessen Bericht 1712 oder 1713 veröffentlicht worden war. Inzwischen gilt als sicher, dass Defoe auch der vom arabisch-andalusischen Gelehrten Ibn Tufail im 12. Jahrhundert unter dem Titel »Der Lebende, der Sohn des Wachenden« vorgelegte Erziehungsroman bekannt war.

Dennoch ist es Defoes Werk, das noch immer als eines der Modellbücher nicht nur des modernen Romans, sondern auch der Literatur in der bürgerlichen Gesellschaft gilt und schon bald nach seiner Veröffentlichung in zahlreichen Übersetzungen und Adaptionen für Jugendliche und Kinder europaweit Verbreitung fand. Dazu gehört unter anderem die Bearbeitung des Stoffes durch den deutschen Aufklärer Johann Gottfried Schnabel – später von Ludwig Tieck gekürzt und unter dem Titel »Insel Felsenburg« veröffentlicht. Zur Popularität des Robinson Crusoe und vor allem zu seiner Verwendung als Jugendbuch trug der französische Philosoph und Zivilisationskritiker Jean-Jacques Rousseau entscheidend bei, indem er in seinem einflussreichen Erziehungsroman »Émile oder über die Erziehung« (1762) seinen gleichnamigen Zögling zunächst ganz ohne Lektüre und nur den Eindrücken der natürlichen Umwelt ausgesetzt aufwachsen lässt, um ihn dann über die Lektüre des »Robinson Crusoe« mit Welt und Gesellschaft vertraut zu machen.

Insellage und Inselökonomie

Auch wenn es Robinson Crusoe im Laufe seines Aufenthalts, immerhin bringt er 28 Jahre auf dieser Insel zu, häufig schwer ankommt, dort vor allem in Einsamkeit zu leben, so ist er doch, wie er im Laufe der Zeit selbst erkennen kann, mit allem ausgestattet, was gebraucht wird, um auf dieser Erde ein Mensch zu sein. Ja mehr noch, er hat alles, um sich selbst zu entwickeln und Erfolg zu haben, später auch Freundschaften zu schließen und eine Familie zu gründen. Letzten Endes wird der vormalige Kaufmann und Abenteurer zu einer Art Herrscher, einem Gesellschaftsgründer und Besitzer einer eigenen Kolonie. Schon bald nach seiner Landung am Strand setzt sich in Robinson der Lebensmut gegenüber der Erschöpfung und Verzweiflung durch, auch wenn es ihm unmöglich erscheint, »die Entzückung und das Wonnegefühl auszudrücken, die ein Mensch empfindet, wenn er wie aus dem Grabe heraus dem Leben wieder geschenkt wird.«

Zuvor bereits hatte er Gott für seine Rettung gedankt. Dieser Bezug wird im Laufe seines Inselaufenthalts nicht nur zu einer inneren Richtschnur, so lässt er beispielsweise schon bald den Tag mit einer täglichen Bibellektüre beginnen, sondern er bietet ihm auch die Orientierung, sich im Sinne einer christlichen Lebensführung der

Werk (Auswahl)

The life and strange surprising adventures of Robinson Crusoe ..., 1719/20; 3 Teile
Captain Singleton, 1720
Moll Flanders, 1722
Lady Roxana, 1724

Arbeit und der Selbstverbesserung zu widmen. Durch das Gespräch mit Gott und die darauf fußende Gewissenserforschung ist er nicht mehr allein. Auch die zweite Ressource, über die er verfügt, lässt sich als Hinweis auf eine gut eingerichtete göttliche Schöpfung verstehen. Die Insel, ihre Lage und ihre natürliche Ausstattung sind durchaus dazu geeignet, dass hier ein Mensch leben und sein Glück machen kann. Zumindest in ökonomischer Hinsicht im Sinne eines wohlgeordneten Haushaltsaufbaus. Das Klima der Insel ist wohltemperiert und wird in dieser tropischen Zone vom Wechsel von Regenzeit und Trockenzeit geprägt. Robinson landet wohl im Nordosten der Insel an der Mündung eines kleinen Flusses, sodass er sich bald schon mit Trinkwasser versorgen kann. Nach Westen und Süden hin verfügt die Insel über einige Berge und Felsen, in deren Höhlen sich Robinson sein erstes Lager baut. Später wird er sich am Nordstrand ein zweites Lager und, in einem fruchtbaren Tal im Inneren der Insel, ein drittes Lager bauen, er wird Stallungen und Gärten anlegen und seine Wohnstätten mit Verteidigungseinrichtungen befestigen. Letzteres muss ihm deshalb notwendig erscheinen, weil er bei seinen Erkundungen am Südstrand der Insel Spuren und Überreste einer Mahlzeit von Kannibalen findet, Hinweise auf die Existenz von Menschen, die ihn ebenso erfreuen wie sie ihn zunächst erschrecken. Klima und Natur der Insel bieten ihm die Möglichkeit, Pflanzen zu seiner Ernährung anzubauen. Darüber hinaus findet er auch einige Tiere, die er zunächst nur als Nahrungsmittel, dann aber auch zur Zucht nutzt. In dieser Hinsicht werden bestimmte Entwicklungsstufen der Menschheitsgeschichte – vom Sammler und Jäger zum Pflanzenbauern und Tierzüchter – in Robinsons eigener Entwicklungsgeschichte nachvollzogen.

Im Zentrum der tätige Mensch

Filme

Mehrfach wurde der Roman verfilmt, u.a. von Luis Buñuel (1954), Jack Gold (1974) und Thierry Chabert (2002); eine Science Fiction-Variation ist »Robinson Crusoe on Mars«, 1964 von Byron Haskin erstellt.

Freilich gibt es neben Gott und der Natur noch zwei weitere Faktoren, die den Erfolg von Robinsons Inselökonomie ausmachen. Zunächst einmal war er zwar der einzige Überlebende des Schiffsunglücks, doch blieben Teile des an den vorgelagerten Felsen der Insel gescheiterten Schiffs noch einige Tage erhalten, sodass sich der kluge Vorsorger auch mit Produkten der Zivilisation eindecken konnte: Waffen und Schießpulver, Nahrungsmittel und Schnaps. Vor allem aber ist es die Zimmermannskiste voller Werkzeug, die es ihm ermöglicht, seine Behausung zu befestigen und seine Landwirtschaft zu optimieren. Wichtig auch, dass er eine Bibel sowie Schreibzeug findet. So kann er seine Gespräche mit Gott und mit sich selbst fortsetzen und diese zusätzlich schriftlich dokumentieren.

Hierin zeigt sich deutlich die Bedeutung eines selbstdenkenden und aus Einsicht in die Verhältnisse handelnden, sich selbst aber auch im Denken begleitenden Subjekts,

Cerro Alto
600 m ü.M.
#2
#1
#1
#2
#3
Cerro Damajuana
635 m ü.M.
Cerro Tres Puntas
482 m ü.M.
Cerro El Yunque
915 m ü.M.
Spuren von Kannibalen
0
1
mi
0
1
km
Atlantischer Ozean
Orinoco
Südamerika
Höhle
Lager
Wohnstätte
Berg
Gemüse
Garten
Ziegen
Ziegenstall
Fisch

so wie es sich im Jahrhundert der Aufklärung sehen möchte. Was nützte ihm der Werkzeugkasten, wenn er nicht gelernt hätte, die Werkzeuge mit seinen Händen und seinem Verstand einzusetzen? Was nützte ihm das Schreibzeug, wenn er nicht über Sprache und Innensicht verfügte, um sich in schriftlicher Form zu äußern? Auf der Insel vereint sind also all jene Elemente, die den Menschen in der Welt, zwischen Natur und Gott, ausmachen. Dass er – der Mensch – in der Schilderung des Experiments selbst zu Wort kommt, dürfte den Reiz der Geschichte noch einmal verstärken.

Wildnis und Zivilisation

Aber Robinson ist ja gar nicht allein. Eine Spur im Sand verweist auf die zumindest zeitweilige Anwesenheit anderer Menschen, wobei die Hinweise auf Menschenfresser nichts Gutes verheißen. Mut und Zufall versetzen ihn in die Lage, bei einem weiteren Besuch der Kannibalen eines der Opfer zu retten und den jungen Mann zu seinem Diener und späteren freundschaftlichen Begleiter zu machen. Auch der Wilde, so Defoes aufklärerische Position, trägt die Chancen in sich, ein zivilisierter Bürger zu werden, allerdings auf dem Weg der Unterwerfung unter die europäisch-christlichen Normen, als Helfer und Diener in einem Projekt der Kolonisation. So wie Robinson schon bald nach seiner Landung die Insel für sich in Besitz nimmt, indem er an ihrem südöstlichen Strand eine Markierungsstange aufstellt und diese mit einer Kalendermarkierung versieht, die mit dem Tag seiner Landung beginnt, so nimmt er auch den vermeintlichen »Wilden« in Besitz, indem er ihn nach dem Tag benennt, an dem er ihn »gerettet« hat: Freitag.

Michel Tournier
In seinem erstmals 1967 erschienenen Roman »Freitag oder Im Schoße des Pazifik« schildert der französische Schriftsteller Michel Tournier die Geschichte Robinsons aus einer anderen Perspektive. Nachdem Freitag zunächst von Robinson in die Segnungen der Zivilisation eingeführt wurde, vermittelt ihm Freitag nun das Leben in der Wildnis. Am Ende begibt sich Freitag nach Europa, während Robinson auf seiner Insel bleibt.

Schließlich wird Freitag von Robinson in die Segnungen der Zivilisation eingeführt, vom Werkzeuggebrauch über den Nutzen von Kleidung und Tischsitten bis hin zur ökonomischen Haushaltsführung und zur christlichen Unterweisung. Die gegenüber den »wilden« Stammesgenossen Freitags weiterhin ausgeübte Gewalt, etwa bei der Ankunft der Spanier, wird nicht nur gerechtfertigt, sondern als ein offensichtlich von Gott gewollter, von der Natur ermöglichter und dem Menschen nützlicher Vorgang hervorgehoben. Für die Leserinnen und Leser des Romans steht damit außer Frage, dass weiterhin Unterschiede gelten, zwischen »Wilden« und »Zivilisierten«, zwischen Europäern und »Anderen«.

Schatzinsel
Wunschinsel der Piraten

Land/Ort	Lage	Größe	Bevölkerung	Wichtigster Ort	Weitere Orte	Sehenswürdigkeiten
Schatzinsel	In der Karibik	Etwa zehn Meilen lang, fünf Meilen breit	Menschenleer	Platz des verborgenen Schatzes	Blockhütte Landebuchten	Fernrohrberg Skelettinsel Weiße Felsen

Jeder Kindergeburtstag lebt davon, und auch die Erwachsenen erinnern sich gern an die zerstückelten Schatzkarten, die Suche nach einer versteckten Kiste und die Freude beim Finden einer Tüte mit Bauklötzen, Murmeln oder Süßigkeiten. Als Robert Louis Stevenson am Ende des 19. Jahrhunderts seinen Piratenroman über die Suche nach der Schatzinsel und ihrem Schatz schrieb, waren alle Versatzstücke, die er dazu nutzen konnte, mindestens so vertraut wie die Motive aus seinem Buch es heute sind, wenn sie in Johnny Depps Erfolgsserie vom »Fluch der Karibik« wieder-auftauchen. Palmen und Strände, einbeinige Piraten sowie Haken anstelle von Händen gehören ebenso dazu wie Augenklappen, Amulette und Ohrringe, die Suche nach der Goldkiste und das Zusammensetzen einer zerstückelten Karte.

Es geht allerdings auch um Tapferkeit und Männerfreundschaften, Treue und Verrat, den Auszug aus der Heimat und die Abenteuer und Gefahren ferner exotischer Welten. Und vor allem geht es um die Suche nach dem Glück, das allerdings für die »echten« Piraten nur vordergründig im Gold selbst steckt, von dem sie so besessen sind. Das Inventar ist älter und speist sich aus den Seefahrergeschichten des 17. Jahrhunderts und noch früherer Zeiten. Es sind Piraten wie der Engländer Francis Drake und der berühmte Seeräuber Klaus Störtebeker, aber auch Piratinnen wie die in Irland geborene Anne Bonny und ihre englische Kollegin Mary Read, die die Meere unsicher

AUTOR

Robert Louis Stevenson
schottischer Schriftsteller und Erfolgsautor
* 13.11.1859 Edinburgh
† 3.12.1894 Vailima, Samoa
trotz seiner kurzen Lebenszeit hat Stevenson ein umfangreiches Werk hinterlassen, das ihn zu einem der wichtigsten und erfolgreichsten Vertreter der modernen Literatur in der zweiten Hälfte des 19. Jahrhunderts macht

machten und deren Abenteuer die Erzählrunden und Lesezirkel späterer Zeiten faszinierten. Immer schon spielten dabei Kleider- und Rollentausch, große, ja übermenschliche Kräfte und ein entsprechender Mut, Fechtkunst und Trinkfestigkeit eine wichtige Rolle; exotische Vögel, sprechende Papageien, Segelkünste und Verschlagenheit einzelner Figuren bis hin zu Verrat und Meuterei nicht minder. Mit dem Kunstgriff schließlich, dass die Geschichte von einem siebzehnjährigen Jungen erlebt und erzählt wird, der maßgeblich am Geschehen selbst beteiligt ist, erhält Stevensons Erzählung eine Nähe und Dichte, die auch heutige Leserinnen und Leser oder Film- und Fernsehzuschauer fesseln kann.

Von England nach Amerika

Werk (Auswahl)

New Arabian Nights, 1882, 2 Bde.
Treasure Island, 1883
The strange case of Dr. Jekyll and Mr. Hyde, 1886
Kidnapped ..., 1886

Stevenson gelang es in seinem Roman, die bekannten Motive mit einer Erzähltechnik zu verbinden, die den Reiz und den Realismus unterschiedlichster Sprachen und Sprechergruppen einfängt. So zeigt sich vom Jargon der Seeleute bis zur Sprache des schottischen Hochlands die bunte Vielfalt von Erfahrungen und Figuren, wie sie sich mit der Exotik und Spannung von Piratengeschichten offensichtlich immer einstellt. Vor allem aber sind es die vom Autor gezeichneten Charaktere, die dabei eine wichtige Rolle spielen. Im Mittelpunkt stehen der frühere Seeräuber, Schiffskoch und Vertraute des legendären Piratenkapitäns Joshua Flint, der einbeinige Long John Silver, und der siebzehnjährige Erzähler Jim Hawkins.

Eines Tages steigt ein alter Seemann, William Bones, im Gasthaus von Jims Eltern, das in der Nähe der englischen Stadt Bristol liegt, ab. Nachdem er einige geheimnisvolle Besucher empfangen hat, stirbt er plötzlich an einem Schlaganfall. Noch in derselben Nacht wird das Gasthaus von Unbekannten überfallen. Jim und seine Mutter flüchten. Zuvor jedoch kann Jim, dem das seltsam gehetzte Gebaren des Gastes von Anfang an verdächtig und unheimlich erschienen war, aus Bones' Gepäck ein Päckchen mitnehmen, das diesem offensichtlich sehr wichtig gewesen war. Später dann stellt sich heraus, dass es sich um die Karte einer Insel in der Karibik handelt, auf der der inzwischen verschollene Kapitän Flint wohl seinen Piratenschatz versteckt hat, welcher nun von mehreren Leuten gesucht wird. Zwei ältere Freunde der Familie – Dr. Livesey und der Friedensrichter Squire Trelawney – beschließen, gemeinsam mit Jim den Schatz zu heben. Sie rüsten für dieses Vorhaben das Schiff »Hispaniola« unter Kapitän Smollet aus und stechen in Richtung Karibik in See. Unterwegs müssen sie feststellen, dass ein Teil der Mannschaft aus der ehemaligen Besatzung Flints besteht. Diese Leute wollen unter der Führung Silvers, der als Schiffskoch angeheuert hat, den Schatz heben und bei Ankunft auf der Insel die übrige Besatzung sowie die Reisenden ermorden.

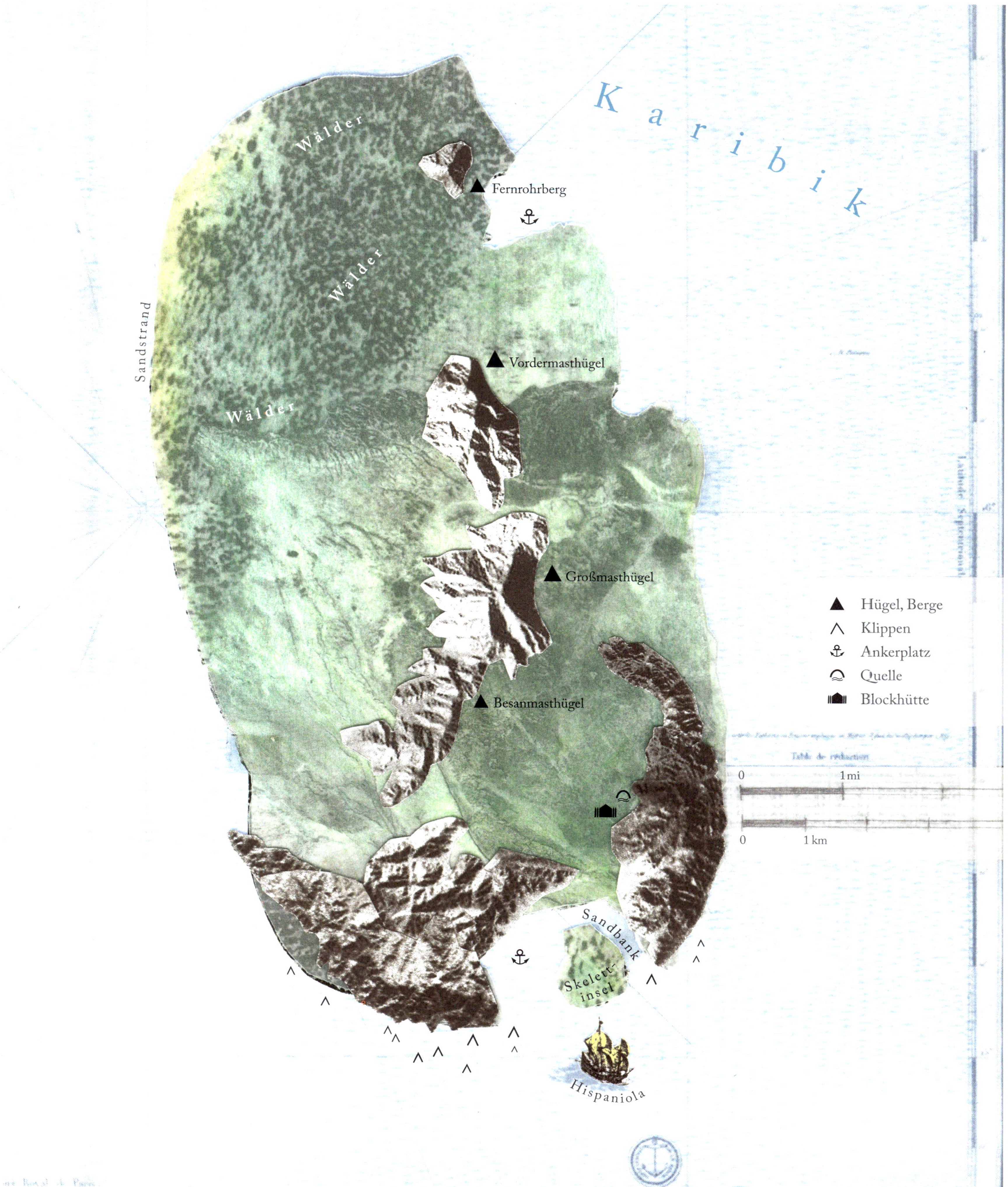

Karibik
Wälder
Wälder
Wälder
Sandstrand
Fernrohrberg
Vordermasthügel
Großmasthügel
Besanmasthügel
Sandbank
Skelettinsel
Hispaniola
Hügel, Berge
Klippen
Ankerplatz
Quelle
Blockhütte
0
1 mi
0
1 km

Tatsächlich kommt es auf der Insel zu verschiedenen Kämpfen. Allerdings stellt sich heraus, dass Ben Gunn, ein anderer Pirat aus Flints Mannschaft, der von diesem auf der Insel ausgesetzt worden war, den Schatz bereits gehoben und an anderer Stelle versteckt hat. Während schließlich ein Teil der Piraten bei den verschiedenen Kämpfen ums Leben kommt und Jim mehrfach selbst in die Kämpfe eingreifen muss, gelingt es den Reisenden, den größeren Teil des Schatzes zu bergen und sich damit auf die Heimreise zu machen. Auch Gunn und Silver schließen sich an, sollen sie doch an der Aufteilung des Schatzes beteiligt werden. Aber nicht allen bringt der Schatz Glück. Silver verschwindet bereits bei einem Zwischenhalt unterwegs und lässt auch einen Teil des Schatzes mitgehen, während Gunn nach der Rückkehr seinen Teil in England recht schnell in Spelunken durchbringt. Jim dagegen leistet sich mit dem ihm zugefallenen Reichtum eine gute Ausbildung. Trotz aller Hinterhältigkeit und Gefahr, die von ihm ausgeht, lebt die Geschichte von der Erscheinung des ebenso trickreichen wie auch humorvollen Piraten Long John Silver, der seinerseits eine Art Zuneigung zu dem aufrechten und gutwilligen Jungen Jim fasst. Auch Captain Flint wurde zur Legende: Er sei – so sagt man – in einem Wirtshaus in Savannah, Georgia, kurz, nachdem er nach einem Glas Rum verlangt hatte, verstorben. Aber noch immer sieht man ihn dort im »Pirate's House Inn« herumspuken.

Kartografie einer Trauminsel

Verfilmungen (Auswahl)
Treasure Island
(Regie: Byron Haskin, 1950)
Die Schatzinsel
(Regie: Wolfgang Liebeneiner, 1966; vierteiliger Fernsehfilm)
Muppet Treasure Island
(Regie: Brian Hanson, 1996)
Treasure Island
(Regie: Peter Rowe, 1999)
Die Schatzinsel
(Regie: Hansjörg Thurn, 2007; zweiteiliger Fernsehfilm)

Die Insel selbst, die von Captain Flint im Jahr 1754 gefunden und seitdem als Versteck seines Schatzes genutzt wurde, stellt für die Suche und die Kämpfe um seinen Schatz so etwas wie eine Bühne zur Verfügung. Nach Süden hin bietet sie eine geschützte Bucht zum Ankern, die den Namen »Kapitän Kidds Ankerplatz« trägt; in ihrer Mitte befinden sich einige kleinere Felsenriffe sowie die »Skelettinsel«. Bei Ebbe ist sie über eine Sandbank mit dem Land der Insel verbunden. Im Nordosten findet sich eine weitere Bucht, die ebenfalls von Schiffen angelaufen werden kann, und die Jim während der Kämpfe dazu nutzen möchte, die »Hispaniola« vor den meuternden Piraten in Sicherheit zu bringen. Ansonsten ist die Insel recht unzugänglich, da sie im Südwesten und Südosten von hohen Felsenklippen eingeschlossen ist, einzig von Nordwest nach Nord zieht sich ein recht langer Sandstrand. Im Inneren befinden sich einige Hügel und Berge, von Nord nach Süd sind dies der Vordermasthügel, der Großmast- und der Besanmasthügel; im Nordwesten erhebt sich das Kap der Wälder und ebenfalls im Norden ist der etwas größere Fernrohrberg zu finden. Bei der Namenfindung mangelte es den seefahrenden Piraten offensichtlich etwas an Fantasie. Nicht weit von der Ankerstelle in der südlichen Bucht findet sich ein Blockhaus, das von Palisaden umgeben ist und an einer

Trinkwasserquelle angelegt wurde. In der Geschichte wird es mehrfach zum Schauplatz von Kämpfen. Das ursprüngliche Versteck des Schatzes, so wie es auf der Karte in den nordwestlich gelegenen Wäldern eingezeichnet ist, erweist sich allerdings als leer, weil es bereits vor Ankunft der Reisenden von Ben Gunn ausgeräumt worden war. Wie nun die Wälder und auch die Tiere auf der karibischen Insel ausgesehen haben, muss hier gar nicht geschildert werden, da die Reisenden es ja gesehen haben und die Leserinnen und Leser es sich ausmalen können.

PIRATEN UND FREIBEUTER: »HE SERVED NO KING«

Grace Slick, eine der Hippie-Ikonen in den USA seit den 1960er-Jahren – mit Jefferson Airplane bei Woodstock –, hob in dem von ihr geschriebenen Song »Long John Silver« den Umstand hervor, dass dieser eben keinem König gedient habe, auf eigene Rechnung gehandelt und entschieden hat. Trotz aller Brutalität, Gemeinheit und krimineller Energie, die das Handeln von Piraten in der Vergangenheit und auch in der Gegenwart kennzeichnet, haftet ihnen selbst ähnlich wie den Sozialrebellen und Räuberbanden der frühen Moderne ein weit über die Realität hinausgehender Glanz an. Dadurch können sie nicht nur zu Helden der Literatur und des Films, auch zahlreicher Computerspiele und Videoanimationen, werden, sondern heben sich darüber hinaus als Figuren individueller Freiheit und Selbstbestimmung ab. Schon Goethes »Götz von Berlichingen« (1773) war eben nicht nur Raubritter, sondern lebte auch vom Glanz des »Selbsthelfers«. Kulturelle »Freibeuter«, so auch der Titel einer der erfolgreichsten Kulturzeitschriften der 1980er-Jahre, setzen sich über viele Grenzen und Denkverbote hinweg. Viele, auch die notwendigen, Ordnungen und Regelungen werden offensichtlich als Einschränkungen in einer Art erfahren, die den Wunsch nach Aufbegehren und Selbsttätigkeit – auch über bestehende Ordnungen und Grenzen hinweg – wecken und wachhalten kann.

LONG JOHN SILVER 1

Die Popularität des Schiffskochs zeigt sich in der gleichnamigen Comic-Serie (2007), die von Xavier Dorison und Matthieu Lauffray geschrieben und gezeichnet wird und in Deutschland seit 2009 erscheint.

LONG JOHN SILVER 2

Zahlreiche Produkte, Werbeträger, Bars und Kneipen nutzen den Namen Long John Silver. Die amerikanische Rock- und Undergroundband Jefferson Airplane veröffentlichte 1972 ein gleichnamiges Album.

LONG JOHN SILVER 3

In der Verfilmung der Schatzinsel von 1950 wurde der britische Schauspieler Robert Newton in der Rolle des Long John Silver zu einer Berühmtheit.

Schilda
Stadt der Narren und anderer kluger Leute

Land/Ort	Lage	Größe	Bevölkerung	Wichtigster Ort	Weitere Orte	Sehenswürdigkeiten
Schilda, anderer Name: Laleburg	Mitten in Deutschland, gern auch anderswo in Misnopotamia in dem hinter Kalekut gelegenen Utopia	Wie andere frühneuzeitliche Städte, 1–2,5 km²	Schildbürger (Lalen), möglicherweise altgriechischer Herkunft	Rathaus	Stadttor und Stadtmauer Theater Marktplatz und Kirche Feuerlöschteich	Atlantenportal des Torhauses

Autor

Der Verfasser ist unbekannt geblieben; mehrere könnten es gewesen sein, etwa der im Hessischen wohnende Pastor Johannes Mercator von Zierenberg oder auch der sächsische Schriftsteller Johann Friedrich von Schönberg; um ihre Urheberschaft streiten die Gelehrten, aber auch die Tourismusmanager.

Genau genommen ist Schilda, die Stadt der Narren, überall da, wo wir uns auch befinden. Für die Klügeren unter uns stellt sie einen Spiegel dar, in dem wir uns selbst als Narren unter anderen Narren sehen können. Die weniger Klugen dagegen sehen sich in Schilda von lauter Narren umgeben, leiden an der Narrheit der anderen oder ärgern sich darüber, dass sie offensichtlich die Einzigen sind, die nicht richtig zu ihnen gehören (dürfen). Seit alters her und in vielen Gesellschaften und Erzählungen spielen Dummheiten eine Rolle, sie sind gleichermaßen Gegenstand der Kritik und des Lachens wie auch Hilfsmittel einer stolzen oder schadenfrohen Selbstüberhöhung: Narren sind dann immer die anderen. Dumm ist, wer sich schadet, ohne dass es ihm oder einem anderen nützt – so der italienisch-amerikanische Wirtschaftshistoriker Carlo M. Cipolla in »Die Prinzipien der menschlichen Dummheit« (1988). In diesem Sinne muss freilich dann auch ein Unterschied zwischen der Narrheit der Bewohner von Schilda gemacht werden und den Dummheiten, die Menschen an vielen anderen Orten begehen. Zumindest die Schildbürger können unter dem Schutz des Narrenkleides mehr oder weniger ungestört leben, und manche Beobachter ihrer Taten können mitunter doch auch einen Nutzen aus ihren Handlungen und Überlegungen ziehen. »So nicht!« oder »Gerade so machen wir es auch!« Denn offensichtlich sind auch die Bewohner von Schilda vor wirklicher Dummheit nicht gefeit. So möchten sie einer Kuh, die das auf einer Mauer wachsende Gras abweiden soll, helfen, dort hinaufzugelangen, indem sie die schwere Kuh an ihrem Hals emporziehen; dabei wird sie allerdings auch erhängt. Als die erstickende Kuh die Zunge aus dem Maul streckt, rufen die Umstehenden: »Seht mal, sie frisst schon!« Darin zeigt sich nun deutlich die Bereitschaft der Menschen, auch die Hinweise auf das Scheitern der Aktion als Anzeichen eines gewünschten Guten umzudeuten.

Dummheit aus Klugheit

Der Verfasser des um 1600 in deutscher Sprache auftauchenden Lalebuches, in dem es zunächst wohl eher um eine Burg, die Laleburg, und ein zugehöriges Dorf ging und aus dem dann die Erzählungen von den Bürgern der Stadt Schilda entstanden, war offensichtlich nicht aus demselben Holz geschnitzt wie die Bürger seiner Stadt. Vielmehr scheint er ein hochgebildeter, rhetorisch und juristisch versierter Mensch gewesen zu sein, jemand, der die Möglichkeiten eines allgemeinen Fortschritts und einer grundlegenden Besserung des Menschengeschlechtes mit einer gewissen Skepsis betrachtete. 1516 war das von vielen klugen Leuten seiner Zeit (und auch unserer Zeit) geschätzte Werk »Utopia« des englischen Gelehrten Thomas Morus erschienen, in dem die Geschichte einer vorbildlich eingerichteten und nach vernunftgemäßen Prinzipien gut funktionierenden Gesellschaft entworfen worden war; dieses Werk scheint Auslöser dafür gewesen zu sein, hierzu einen Gegenentwurf zu liefern. In der vorgelegten Sammlung von Narrengeschichten, die sich unter anderem aus volkskulturellen Überlieferungen, zeitgenössischer Unterhaltungsliteratur und Schwanksammlungen zusammensetzt, scheint es so zu sein, dass es auf der Welt wenig Platz für kluge Leute und wenig Gelegenheit für von der Vernunft geleitetes Handeln gibt.

Diese Erfahrung müssen vor allem die Bewohner von Schilda selbst machen, bei denen es sich eigentlich um sehr kluge Leute handelt. So sind nahezu alle Männer der Stadt als Ratgeber an den Königshöfen und anderen Machtzentren der Welt tätig, gleichzeitig allerdings droht ihre eigene Stadt in Unordnung und Chaos zu versinken. Möglicherweise haben sie ihre Klugheit auch vom Volk der Philosophen, den alten Griechen übernommen, von denen sie abstammen sollen. Nachdem die Frauen ihre Männer dazu bewegen konnten, zur Rettung von Schilda nach Hause zurückzukehren, beschließen diese, sich fortan dumm zu stellen, um sich so den Anforderungen der Außenwelt auf Dauer zu entziehen.

Werk

Originaltitel
Das Lalebuch. Wunderseltsame, abenteuerliche, unerhörte und bisher unbeschriebene Geschichten und Taten der Lalen zu Laleburg, 1597
Die Schiltbürger, 2. Ausgabe, 1598
Bearbeitungen
Heinrich Ringwald (= Johann Gottlob Schulz): Die neuen Schildbürger oder Lalenburg in den Tagen der Aufklärung, 1791
Peter Lebrecht (=Ludwig Tieck): Denkwürdige Geschichtschronik der Schildbürger, 1797
Gustav Schwab: Die Schildbürger, 1836
Karl Simrock: Wunderseltsame, abenteuerliche und bisher unbeschriebene Geschichten und Taten der Schildbürger, 1842
Erich Kästner: Die Schildbürger, 1954
Otfried Preußler: Bei uns in Schilda – die wahre Geschichte der Schildbürger nach den Aufzeichnungen des Stadtschreibers Jeremias Punktum, 1958

Eine Stadt wie alle anderen

Schwimmbad in Trentschin (Trenčín)

Im Februar 2011 wurde in der slowakischen Stadt Trentschin das neu erbaute Schwimmbad fertiggestellt; allerdings hatte man die Wasseranschlüsse vergessen, sodass nun die Benutzer diejenige Menge an Wasser mitbringen müssen, in die sie springen wollen.

Schilda ist das Musterbild einer deutschen Kleinstadt, wie sie sich seit dem Spätmittelalter und in der Frühen Neuzeit in zahlreichen Landschaften findet. Um die Ehre, das historische Schilda gewesen zu sein, streiten sich im deutschen Sprachraum mehrere Städte und Gemeinden, darunter Schildau bei Torgau in Sachsen, Schilda in Brandenburg, Oberdürrbach in Bayern und Teterow in Mecklenburg-Vorpommern. Rathaus und Kirche, Markt und Stadtmauer gelten als die bemerkenswerten Kennzeichen einer solchen Stadt, auch ihre Lage an günstigen Verkehrswegen. Schon aus Brandschutzgründen muss auch ein See in der Nähe sein, in den die Schildbürger ihre Glocke versenken, um diese vor einem drohenden Raub durch angreifende Feinde zu schützen. Da sie die Glocke aber auch wiederfinden wollen, markieren sie am Bootsrand die Stelle, von der aus sie die Glocke im Wasser versenkt haben.

Mit Eulenspiegel, der bekanntlich aus Brotteig Katzen anstelle von Broten backt, weil ihm sein Meister auf die Frage, was er denn backen solle, zornig eben dies geraten hatte, teilen die Schildbürger sowohl die Aufmerksamkeit für feste Zeichen wie auch das Wörtlichnehmen von Metaphern. Einmal kommt der Kaiser zu Besuch und in der Voraussicht, dass nicht alle Bürger in Schilda ein Pferd besitzen, erteilt er ihnen die Erlaubnis, ihm »teils zu Pferd und teils zu Fuß« entgegenzukommen. Lange Zeit beraten die Schildbürger darüber, wie sie diesem Befehl am besten entsprechen könnten. Schließlich sieht sich der Kaiser Hunderten von Untertanen gegenüber, die sich ihm auf Steckenpferden nähern. Immerhin erwirken die Schildbürger mit dieser überzeugenden Geste, dass ihnen auf alle Tage kaiserliche Narrenfreiheit gewährt wird. Auch sonst geben sich die Bürger alle Mühe, zum Wohle ihrer Gemeinde und zur Stärkung ihrer bürgerlichen Ordnung beizutragen und setzen damit Vorbilder, denen bis in heutige Zeiten immer wieder nachgeeifert wird.

Hervorzuheben ist dabei auch, dass sie vieles gemeinsam tun und den wenigsten irgendeine Arbeit zu schwer ist, irgendein Handgriff zu viel wird. Als ein neues Rathaus gebaut wird, bemerkt man zu spät, dass die Fenster vergessen wurden; leider schlagen auch die mit viel gutem Mut und von allen tatkräftig unterstützten Versuche fehl, das Licht wenigstens noch in Eimern ins Haus zu tragen. Als Salz angebaut werden soll, um auf diesem Gebiet vom teuren Handel mit Salz unabhängig zu werden, säen sie das Salz mit viel Zutrauen aus, müssen aber enttäuscht feststellen, dass der Boden kein Salz verträgt. Nachdem die Kirche für die zahlreichen Schildbürger zu klein geworden ist, stellen sich die Männer entlang der Innenseiten auf und versuchen mit aller Kraft, die Wände etwas nach außen zu drücken. Leider bewegen sich die Wände nicht; erst als ein Schlauer, immer gibt es unter den Klugen auch noch Klügere, ja Oberkluge, den Rat gibt, außen um die Wände Erbsen auszustreuen, auf denen die Wände gerollt werden

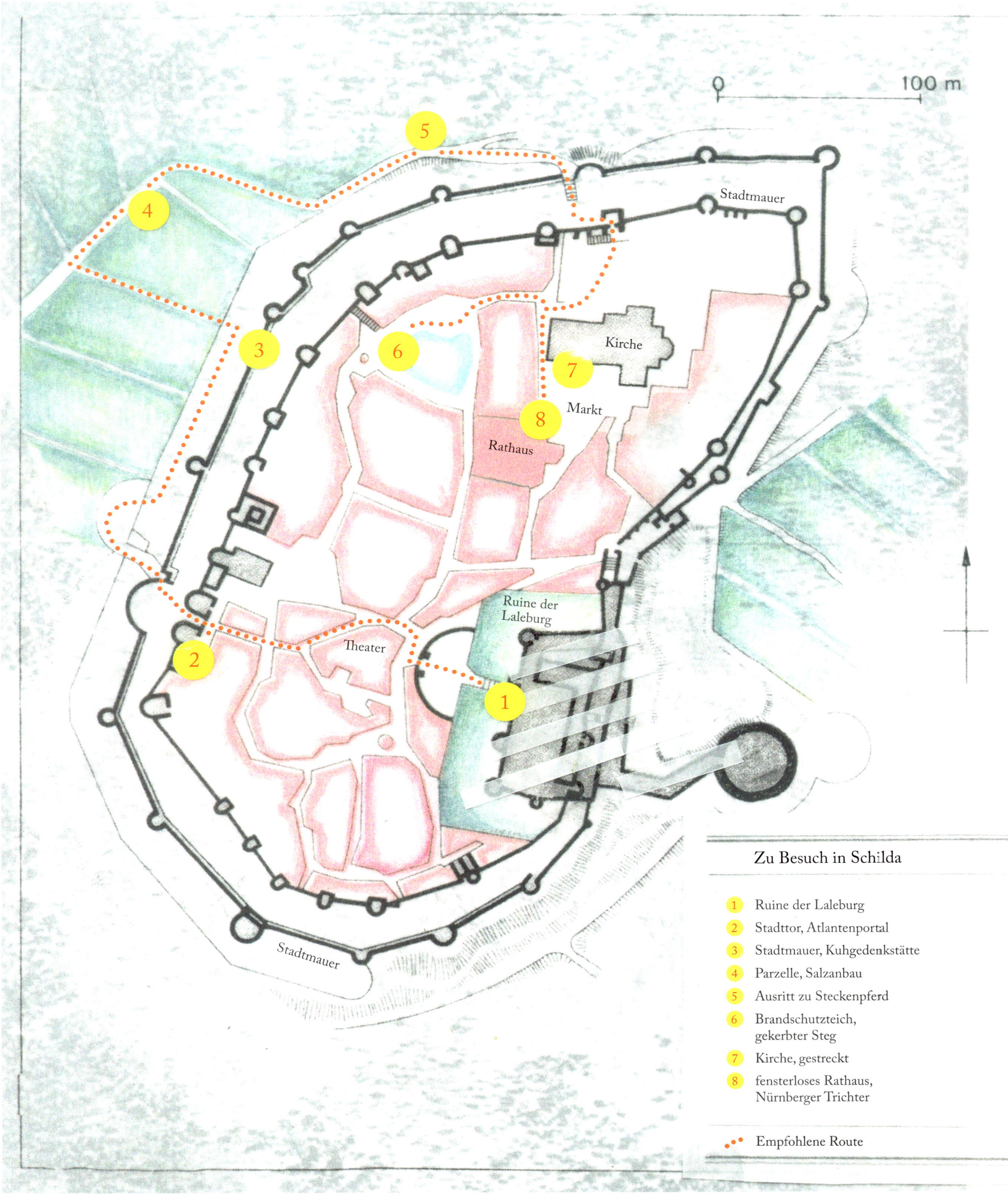

0
100 m
Stadtmauer
Kirche
Markt
Rathaus
Ruine der Laleburg
Theater
Stadtmauer
1
2
3
4
5
6
7
8
Zu Besuch in Schilda
1 Ruine der Laleburg
2 Stadttor, Atlantenportal
3 Stadtmauer, Kuhgedenkstätte
4 Parzelle, Salzanbau
5 Ausritt zu Steckenpferd
6 Brandschutzteich, gekerbter Steg
7 Kirche, gestreckt
8 fensterloses Rathaus, Nürnberger Trichter
Empfohlene Route

TETEROWER HECHTFEST

Das in Teterow jährlich am Wochenende vor Pfingsten gefeierte Fest erinnert an folgende, den Schildbürgern zugeschriebene Geschichte: Um einen gefangenen Hecht für ein einige Wochen später stattfindendes Fest frisch zu halten, ließen sie ihn wieder ins Wasser und banden ihm eine Glocke um, damit sie ihn wiederfinden konnten. Überdies markierten sie an der Bootswand die Stelle, an der der Hecht ins Wasser geworfenen worden war.

können, bewegt sich etwas. Tatsächlich sind, als die Schildbürger nach einer nochmaligen Anstrengung wieder ins Freie treten, die Erbsen weg. Statt ein vorbeilaufendes Huhn zu verdächtigen, die Erbsen gefressen zu haben, sind die praktisch denkenden Bürger ohne Weiteres davon überzeugt, dass sie es geschafft haben, die Wände auf den Erbsen zu verschieben. Dass nur dies die einzige Erklärung sein kann, wird schon dadurch bestätigt, dass nunmehr die Kirche groß genug ist und alle wieder hineinpassen.

Auch in vielen anderen Zusammenhängen zeigen sich die Schildbürger pflichtbewusst und im Sinne moderner zivilgesellschaftlicher Maßstäbe engagiert. Ob es um die Vorsorge für Brandschutz oder öffentliche Sicherheit geht, um schulische Einrichtungen und Bildungsbemühungen, in deren Zusammenhang immerhin ein Nürnberger Trichter importiert wird, der den Einfluss der Bildung erleichtern soll, oder um die Bekämpfung von Schwindlern und Schädlingen oder auch um kulturelle Veranstaltungen wie beispielsweise die Verschönerung des Stadtportals: stets sind sie mit ebenso originellen wie eigenwilligen Vorschlägen zur Stelle und sogleich immer auch bereit, die Vorschläge in die Tat umzusetzen. Dabei ist dann auch egal, ob, wie beim Stadtportal, Figuren auf den Kopf zu stellen oder Reime neu zu fassen sind. Wie bei dem schönen Vers »Ich bin der Meister Hildebrand und stelle meinen Spieß an die Mauer« ist wichtig, dass die Richtung stimmt.

VON NARREN LERNEN?

Während den Schildbürgern, so zeigt es der wenig fortschrittsgläubige Verfasser des Buches, das Schicksal zuteilwurde, im Laufe der Zeit tatsächlich zu den Narren zu werden, die sie anfangs nur spielen wollten, sind die mit ihnen verbundenen Beispielgeschichten so angelegt, dass sich aus ihrer Narrheit einiges über die Mehrdeutigkeit von Zeichen und die Zwiespältigkeit sozialer Handlungen lernen lässt. Zwischen die Eitelkeit einer sich selbst lobenden Dummheit und die heilige Einfalt naiven Weltvertrauens gestellt, kann der Mensch im Spiegel der Bewohner von Schilda etwas über die Grenzen seiner eigenen Perspektiven und das Schwanken des Bodens lernen, auf dem er steht.

Schlaraffenland
Durst und Hunger unbekannt

Land/Ort	Lage	Größe	Bevölkerung	Wichtigster Ort	Weitere Orte	Sehenswürdigkeiten
Schlaraffenland	Hinter dem Berg aus Hirsebrei, drei Meilen hinter Weihnachten	Immer noch einmal so groß wie unser Magen	Schlaraffen Freunde des Wohllebens aller Länder Bauern, die auf Bäumen wachsen	Jungbrunnen	Flüsse aus Milch Häuser aus Lebkuchen	Feldzäune aus Bratwürsten Weinbrunnen fliegende gebratene Tauben, Hühner und Gänse Semmelbäume

Jeder hat sich schon einmal an der Vorstellung erfreut, kostenlos, endlos und maßlos schlemmen zu können. Zugleich verweist die Attraktivität eines solchen Traums, der schon in der antiken Literatur beschrieben wird, auf einen Zustand der Welt, in der sich satt essen können eine Ausnahme oder ein Privileg darstellt, zumindest für die meisten nicht alltäglich ist. Aus der Sicht der Hungrigen, der Mühseligen und Beladenen handelt es sich, ähnlich wie beim »Goldenen Zeitalter«, um die Beschreibung einer Hoffnung. Gerade die populären Fassungen der Geschichte, vor allem auch die Bilderbücher, legen Wert darauf, dass den Betrachtern schon beim Anblick freilaufender gebratener Schweine oder in Milch und Honig getunkter Semmeln das Wasser im Mund zusammenläuft. Allerdings hat die Erzählung vom Schlaraffenland auch noch einen anderen Sinn, auf den schon die Wortgeschichte hinweist.

Im Mittelhochdeutschen bezeichnet »sluraff« einen Faulenzer. Die Wörter Schluderaffe und Schluraffe werden davon abgeleitet und deuten darauf hin, dass es sich bei den Schlaraffen, den Bewohnern des Schlaraffenlandes, um Menschen handelt, an deren Haltung und Verhalten doch einiges auszusetzen ist. Pieter Bruegel der Ältere, der um 1567 das Schlaraffenland gemalt hat, zeigt auf dem Gemälde mehrere Männer, die nach übermäßigem Essen und Trinken regungslos und wie »erschlagen« daliegen. Das kann wohl nicht der Zustand des Paradieses sein, auch nicht der Höhe-

Autor

Sebastian Brant
oberrheinischer Schriftsteller und Jurist
* 1457 oder 1458 Straßburg
† 10. 5. 1521 Straßburg
sein »Narren Schyff« von 1494, das volkskulturelle Schwänke, politische Satire und antike Bildungsbezüge miteinander mischt, gehört zu den erfolgreichsten Dichtungen der frühen Neuzeit; das 108. Kapitel trägt die Überschrift »Das Schlaraffenschiff«

punkt dessen, was der Mensch aus sich machen kann. Vielmehr wird auch in anderen Texten aus der Zeitenwende um 1500 erkennbar, dass es sich bei der Vorstellung vom Schlaraffenland zunächst einmal um die Beschreibung eines kritikwürdigen Zustandes handelt, in den die Menschen sich zwar möglicherweise gern hineinträumen, der sie aber zugleich von ihren eigentlichen Aufgaben – und auch von ihrer Würde als Geschöpfe Gottes – wegführt.

Zumindest im reformatorischen Umfeld werden die Freuden des Leibes, wenn sie zum Selbstzeck werden, kritisch gesehen und die damit verbundenen Gefahren, Faulheit, Müßiggang und sonstiger Laster Anfang, negativ bewertet. Andererseits wird es noch lange dauern, bis die Versorgung zumindest der meisten Menschen mit Nahrungs- und Genussmitteln soweit fortgeschritten ist, dass in »normalen Zeiten« niemand mehr Hunger leiden muss und auch gewisse Luxusartikel »für alle« zu haben sind. Solange allerdings Essen und Trinken, Freizeit und auch die Möglichkeit, einmal faul zu sein, für die meisten Menschen noch Ausnahmesituationen darstellen oder gar nicht vorhanden sind, ist es nicht verwunderlich, dass der Traum von einem Land mit freiem, unbegrenzten Essen und Trinken, verbunden mit der Möglichkeit ewiger Jugend, noch immer attraktiv ist.

Ein Land als gedeckter Tisch

Autor
Hans Sachs
deutscher Dichter und Meistersinger
* 5. 11. 1494 Nürnberg
† 19. 1. 1576 Nürnberg
mit Spruchdichtung, Theaterstücken, Fastnachtsspielen und Schwänken war er einer der populärsten Autoren der Reformationszeit; insgesamt schrieb er etwa 6000 Texte, darunter den 1530 veröffentlichten Schwank »Schlaraffenland«

Schon der Weg dorthin ist nichts für schwache Naturen und lässt sich auch gar nicht so einfach finden, liegt er doch in einer raumzeitlichen Engführung – drei Meilen hinter Weihnachten –, die erst einmal aufgelöst und gefunden werden muss. Wer es aber geschafft hat, gelangt an einen Hirseberg, der drei Meilen dick ist. Durch diesen Hirse- oder auch Reisberg müssen sich die Besucher zunächst einmal hindurchessen, wenn sie das Schlaraffenland betreten wollen. Auch Exzesse und sinnliche Freuden stellen eine Art von Arbeit dar. Hier scheint es so zu sein, dass lediglich die fleißigsten und stärksten Esser durchkommen. Wer aber endlich angekommen ist, dem gehen die Augen über.

Er findet sich wieder in einer angenehmen, ländlichen Umgebung mit Bäumen und Seen, Flüssen und verstreuten Häusern, die zum Essen und Trinken, zum Spielen und Faulenzen einladen und hierfür auch die besten Voraussetzungen bieten. Fische schwimmen bereits gegart und lecker zubereitet auf den Seen. Bei Bedarf kommen sie auch an Land, um sich den Hungrigen (aber ist denn dort überhaupt noch jemand hungrig?) anzubieten. Ebenso tun dies die Schweine und andere lebendige Braten, die überdies bereits das Besteck auf ihrem Rücken tragen, mit dem sie verspeist werden können. Gebratenes Geflügel, Gänse, Hühner, Tauben, fliegen in der Luft und wenn

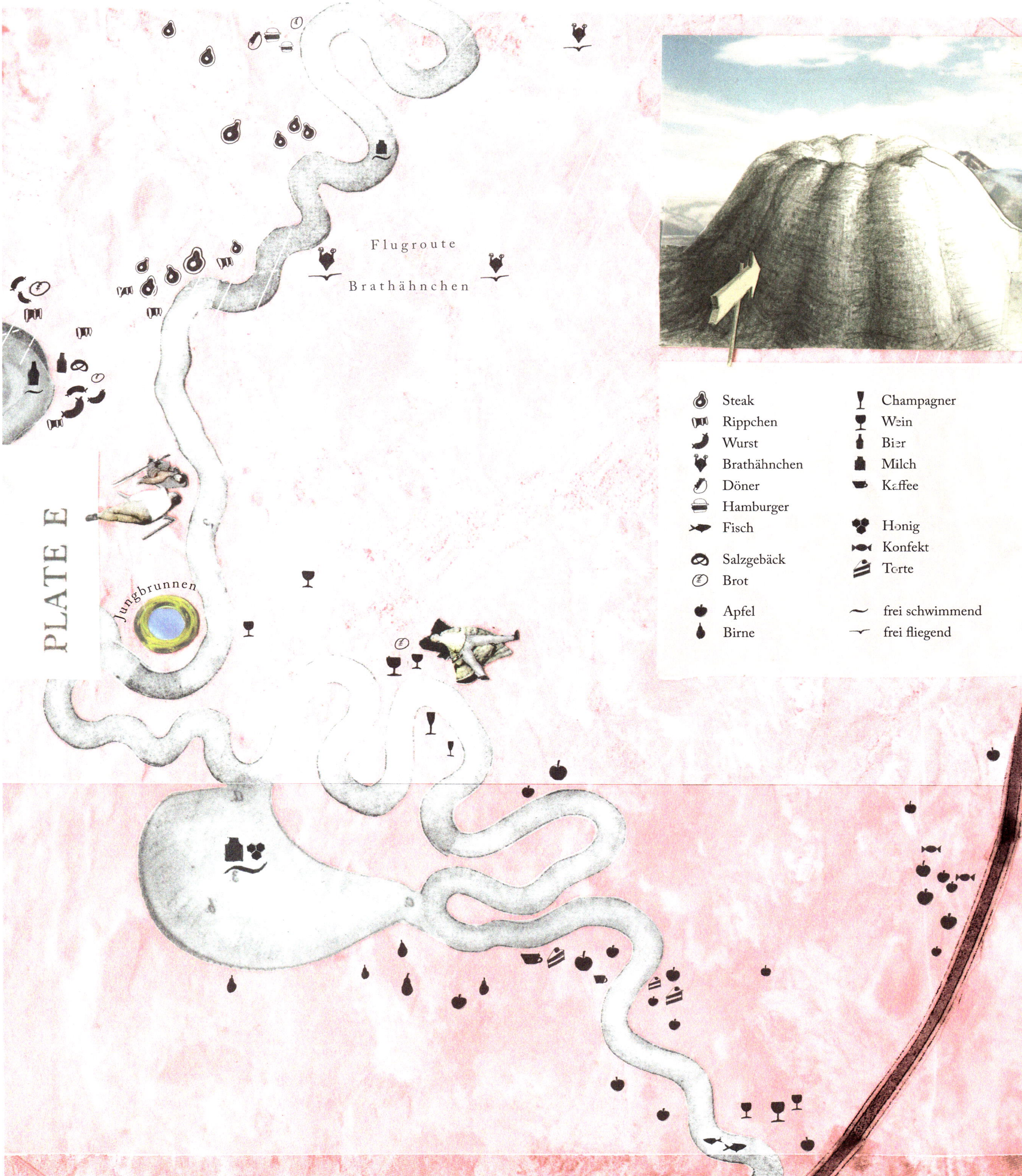
PLATE E
Flugroute
Brathähnchen
Jungbrunnen
Steak
Rippchen
Wurst
Brathähnchen
Döner
Hamburger
Fisch
Salzgebäck
Brot
Apfel
Birne
Champagner
Wein
Bier
Milch
Kaffee
Honig
Konfekt
Torte
frei schwimmend
frei fliegend

SEBASTIAN BRANT
»Gesellen folgt und unverwandt!
Wir fahren ins Schlaraffenland
Und stecken doch in Schlamm und Sand«.

erforderlich auch gleich in den Rachen desjenigen, der sie zu verspeisen wünscht. In Anlehnung an die biblischen Beschreibungen des Paradieses sind auch im Schlaraffenland die Flüsse aus Milch, Honig fällt als Regen vom Himmel und die Brötchen, die im Übrigen wie auch die Bauern auf Bäumen wachsen, fallen direkt von dort in die Milch, sodass sich die Schlaraffen die Mühe des Tunkens sparen können. Auch die Bauern selbst, so wird nebenbei mitgeteilt, fallen, wenn sie in ihre Stiefel kommen wollen, direkt vom Baum in diese hinein. Wer einmal versucht hat, steife Lederstiefel anzuziehen, weiß, welche Segnung hier versprochen wird. Damit aber noch lange nicht genug. Häuser bestehen aus Lebkuchen, die Türen möchten Bratenschnitten sein, Pfannenkuchen fallen vom Dach und Gartenzäune sind aus Bratwürsten geflochten.

Von besonderer Bedeutung, auch dies nicht ohne Bezug auf historische Erfahrungen, sind die Brunnen im Schlaraffenland. So gibt es die Brunnen, aus denen Wein oder andere wohlschmeckende Getränke fließen, zum Beispiel der von Hans Sachs erwähnte und zu dessen Zeit offensichtlich sehr geschätzte Malvasier Wein, ein alter Mittelmeerwein, den schon der Minnesänger Oswald von Wolkenstein erwähnte und der auch noch in Thomas Manns »Buddenbrooks« kredenzt wird. Von zentraler Bedeutung ist der Jungbrunnen, der folgerichtig im Zentrum des Landes anzutreffen ist, dort, wo im biblischen Paradies vielleicht der Lebensbaum oder auch der Thron Gottes stand. Nun findet sich an dieser Stelle ein Brunnen für die Menschen, in den jeder immer wieder hineinsteigen kann, um ihn in jugendlicher Schönheit zu verlassen.

Zumindest in einer religiösen Perspektive wird spätestens hier sichtbar, dass es sich beim Schlaraffenland so, wie es in der Zeit um 1500 entworfen wird, keineswegs um eine positive Utopie handelt, auf deren Realisierung die Menschen sich zubewegen sollten. Vielmehr sticht das Gegenteil hervor: Der Mensch, der sich den sinnlichen Freuden, den Wohltaten des Leibes zuwendet, der sein ewiges Leben in der Befriedigung irdischer Bedürfnisse zubringen will, ist ein Narr, ja sogar ein Sünder. Freilich einer, der sich über seine Besessenheiten vielleicht noch nicht einmal im Klaren ist. Dem entsprechend soll die Schilderung des Schlaraffenlandes zunächst einmal auf eine verfehlte Vorstellung vom Paradies, auf eine verfehlte Lebensorientierung aufmerksam machen, die eben darin besteht, Menschsein auf den Genuss irdischer Freuden zu konzentrieren. Das Schlaraffenland erscheint so als eine Art umgedrehtes Paradies. Der Wunsch, dorthin zu gelangen, führt den Menschen eben nicht auf den Weg zur Erlösung, sondern er führt von ihr weg. Dass dabei weder Bildung noch Stand vor einer solchen Verführung der Sinne schützen, zeigt Bruegel in seinem Bild, auf dem ein Ritter, ein Bauer und ein Gelehrter einträchtig, erschöpft von ihren Genüssen, nebeneinanderliegen, unfähig zu irgendeiner weiteren Regung. Auf einem Weg zu Gott befinden sie sich offensichtlich nicht.

Anti-Paradies und Gegen-Welt

Auch heute mag das Leben in einem Schlaraffenland, in dem es außer Nichtstun, Spielen, Schlafen und immer wieder Essen und Trinken nichts anderes mehr gibt, ein Zustand sein, der wohl nur auf den ersten Blick als Glück gesehen werden kann. Schon ein zweiter Blick lässt sowohl die medizinischen Gefahren einer solchen Völlerei erkennen als auch die soziale Verwahrlosung und die damit verbundene Sinnleere. Menschsein ist im Schlaraffenland auf den Austausch mit der Natur über die Magenfunktionen reduziert.

Ein Ton wird damit angeschlagen, der sich in den heutigen Warnungen vor dekadentem Lebenswandel ebenso wiederfindet wie in einer sich ins Maßlose steigernden »Philosophie der Fitness«, in Trainingsprogrammen und Weight-Watcher-Tabellen, die ihrerseits wieder ihre Entsprechung in Fressorgien, Ess- und Trinkgelagen sowie anderen Exzessen haben. Die Besonderheit der Welt der Schlaraffen, so wie in den Geschichten davon berichtet wird, besteht aber in ihrer doppelpoligen Ausrichtung. Mit dem Paradies verglichen, handelt es sich um ein Anti-Paradies, da nur die leibliche Seite des Menschen zum Zuge kommt. Bezogen auf die reale Welt, in der die leiblichen Bedürfnisse vieler Menschen ja immer noch nur unzureichend oder gar nicht befriedigt werden können, stellt das Schlaraffenland noch immer eine Wunschprojektion dar, die zwar nicht satt macht, aber daran erinnert, dass Hunger und Durst auch heute noch wehtun können.

Hans Sachs
»Wer unnütz ist, sich nichts lässt lehren,
der kommt im Land zu großen Ehren,
und wer der faulste wi·d erkannt,
derselbige ist König im Land«.

Brüder Grimm
»Da kam eine Schnecke gerannt und erschlug zwei wilc e Löwen.«

Sonnenstadt
Traum der Philosophen

Land/Ort	Lage	Größe	Bevölkerung	Wichtigster Ort	Weitere Orte	Sehenswürdigkeiten
Sonnenstadt	Auf der Insel Taprobane, auf einem Hügel in einer weiten Ebene; Vorbild Ceylon (Sri Lanka)	Zwei Meilen im Durchmesser, sieben Meilen im Umfang	Indischer Herkunft Fremde nicht zugelassen Reisende dürfen nur wenige Tage bleiben	Sonnentempel	Paläste und Stadttore Werkstätten und Kellergewölbe	Sieben konzentrische Ringmauern technische Geräte Bilder auf den Stadtmauern Erd- und Himmelskugel im Sonnentempel

Autor
Tommaso Campanella
italienischer Mönch, Philosoph und Politiker
* 5.9.1568 Stilo, Kalabrien
† 21.5.1639 Paris
mehrfach von der Inquisition verfolgt, nach schweren Folterungen zeitweise geistig verwirrt, schrieb sein Hauptwerk während seiner Haft in neapolitanischen Gefängnissen

Weit von hier … scheint alles besser« schreibt der Philosoph Ernst Bloch in der Einleitung zu einer Sammlung älterer und neuerer Texte, in denen es darum geht, eine jeweils ideale Gesellschaft vorzustellen und in ihren Grundzügen zu beschreiben. Solche Sozialutopien wurden von Philosophen, Schriftstellern und Politikern seit der Antike immer wieder verfasst. Einerseits mussten sie realistisch genug sein, um als Maßstab für konkrete Gesellschaften und darauf bezogene Änderungswünsche zu dienen. Andererseits mussten sie aber auch den Umstand berücksichtigen, dass es diese Gesellschaften eben nicht gab. Als eine Lösung bot sich an, die beschriebenen Gesellschaften entweder in räumlicher oder zeitlicher Entfernung anzusiedeln, sodass von ihnen wie aus fernen Ländern, aus alten Zeiten oder auch in der Form von Nachrichten aus der Zukunft berichtet werden konnte. So sind aus dem 1. Jahrhundert v. Chr. von dem griechischen Geschichtsschreiber Diodor Hinweise auf eine Reise überliefert, die zur Idealgesellschaft einer Sonneninsel im Osten geführt haben soll.

In seinem Entwurf von der Sonnenstadt (der Titel der ersten deutschen Übersetzung lautete »Der Sonnenstaat«) lässt Tommaso Campanella einen Genueser Admiral von seiner Reise um die Welt berichten. Sie führte ihn auch auf die Insel Taprobane, auf der er die Sonnenstadt kennenlernen konnte. Schon seit der Antike wurde Taprobane als möglicher Sitz des im Osten gelegenen Paradieses gesehen und zugleich mit der an der Südspitze Indiens gelegenen Insel Ceylon identifiziert. Göttliche und weltliche Ordnung schienen so ineinander aufzugehen und wurden überdies durch die nach astronomischen und astrologischen Mustern angelegte Stadt selbst gespiegelt.

Städtebau und Geometrie

Die Sonnenstadt ist symmetrisch und wie auch die in ihre herrschende soziale Ordnung außerordentlich planvoll angelegt. Sie liegt auf einem Hügel, der sich über einer weiten, fruchtbaren Ebene erhebt, und sie ist in sieben konzentrische Kreise unterteilt, die durch entsprechende Mauerringe unterschieden und jeweils nach außen hin auch geschützt werden. Wer sie erobern will, so hat der Admiral beobachtet, muss eigentlich sieben Städte erobern, und, weil es bergauf zu kämpfen gilt, von Stufe zu Stufe, seine Anstrengungen steigern. Wegen der vorhandenen Schutzwehre, Türme, Erdwälle, Gräben und Schleudermaschinen wird jeder Feind aber schon an der ersten Mauer scheitern.

Die Stadttore sind in allen sieben Mauern an den vier Himmelsrichtungen ausgerichtet und werden von gepflasterten Straßen durchzogen, die über Treppen bis zum höchsten Punkt der Stadt führen. Die kreisförmige Stadtanlage wird so von einem euklidischen Achsenkreuz unterlegt, in dessen Mitte, auf der Spitze des Berges und im Zentrum des obersten und engsten Mauerkreises, sich ein vollkommen runder Sonnentempel befindet. In dessen Mitte wiederum steht ein Altar, auf den von oben durch eine entsprechende Klappe das Licht der Sonne fällt. Der Altartisch selbst zeigt zwei Kugeln, eine Abbildung der Erde und eine des Himmelsgewölbes, sodass also auch hier wieder geometrische Figuren und Ordnungsmuster zugrunde liegen. Der Tempel ist von Säulen umgeben, der Boden ist mit Edelsteinen gepflastert und von der Decke hängen sieben Leuchter, die ihrerseits wiederum die Namen der damals bekannten sieben Planeten – Uranus und Pluto waren noch nicht entdeckt – tragen. Die kosmische Ordnung der Stadt entspricht den sieben Planeten, und auch die sieben Ringe der Stadt sind nach ihnen benannt.

Innerhalb der jeweils von den Mauern umschlossenen Stadtgebiete finden sich, einheitlich und symmetrisch angeordnet, Häuserreihen und Straßen sowie Paläste, die durch zahlreiche Bögen und Gänge so miteinander verbunden sind, als seien sie ein einziges Gebäude. Diese Paläste, die sich durch reich geschmückte Innenhöfe, durch prunkvoll ausgestattete Zimmer und üppigen Bilderschmuck auszeichnen, können jeweils von unten ebenerdig betreten werden. Treppen führen in die weiteren Etagen, die dann an die nächsthöhere Ringmauer anschließen und zu dieser einen Über-

Werk (Auswahl)

Originaltitel

Philosophia sensibus demonstrata, 1589

La città del sole, 1602 (lateinische Fassung: Civitas Solis, 1613/1623)

Metafisica, 1638

Deutsche Ausgaben

Philosophische Gedichte, 1996

Die Sonnenstadt, 2008

gang bieten. Die Treppenstufen sind so angelegt, dass der Anstieg für einen gemessen Voranschreitenden kaum zu bemerken ist. Bequem und ohne Anstrengung gelangt der Besucher zum höchsten Punkt der Stadt, der auch ihr soziales, geistiges und religiöses Zentrum darstellt.

Sozialordnung und die Macht der Verwaltung

Haiti
Sonnenstadt, Cité de Soleil, ist auch der Name eines der größten Elendsviertel in Port-au-Prince in Haiti. Zwischen 200 000 und 400 000 Menschen leben hier notdürftig von der UNO unterstützt in menschenunwürdigen Verhältnissen. Es handelt sich um das Gegenstück zu jeder Form eines geordneten Staatswesens, wie es in Camapanellas Utopie entworfen wird

Denn auch in sozialer und politischer Hinsicht weist die Sonnenstadt eine bemerkenswerte Ordnung auf, in der sich göttliche und kosmische, menschliche und natürliche Ordnungsmuster entsprechen. So wie Gott im Zentrum des Universums und die Sonne im Mittelpunkt ihres Planetensystems stehen, so steht der Herrscher über die Sonnenstadt im Mittelpunkt der gesellschaftlichen Ordnung und die Sonnenstadt selbst im Zentrum des von ihr beherrschten beziehungsweise geordneten Weltkreises. An der Spitze steht ein Priester, Metaphysikus genannt, der als absoluter Herrscher über die Stadt zugleich der Verwaltung und den religiösen Riten vorsteht. Grundsätzlich kann jeder dieses Amt übernehmen, wenn er mindestens 35 Jahre alt und als der Weiseste, Klügste und Erfahrenste in allen Wissenschaften, Künsten und Handwerken erkannt worden ist. Dies wiederum setzt langfristige Umsicht und Förderung von den jeweils in den Ämtern arbeitenden Oberen voraus und steht, so muss es auch der Admiral bei seinen Erkundungen erfahren, der in Europa in dieser Zeit vorherrschenden Praxis der Vererbung von Macht und Ämtern, ohne Berücksichtigung der jeweiligen Qualitäten und Fähigkeiten, deutlich entgegen.

Dem Metaphysikus, auch Sol (Sonne) genannten obersten Herrn und Priester stehen drei weitere Spitzenbeamte zur Seite, die die Bereiche der Macht (Militär), der Weisheit (Bildung, Erziehung, Wissenschaft) und der Liebe (Güter-, aber auch Menschenproduktion) vertreten. Darunter gibt es in der Hierarchie eine Reihe weiterer Ämter mit entsprechenden Beamten und Funktionsgebieten. Dazu gehören die Ordnung in der Stadt, die bauliche Entwicklung, die Herstellung von Werkzeugen und Verteidigungswaffen und nicht zuletzt die Ernährung und sonstige Versorgung der Bevölkerung. Alles ist zentralistisch und nach Grundsätzen geregelt, die sowohl der kosmischen, göttlichen Ordnung als auch der Vernunft der Menschen selbst und den natürlichen Anlagen der Menschen entsprechen. Grundsätzlich gibt es kein Privateigentum, das als Quelle der Selbstsucht abgelehnt wird, und es gibt keine Familien. Die Menschen leben in größeren Einheiten, deren Formen und Funktionen nicht verleugnen, dass Campanella selbst dem Mönchtum angehörte, ohne dass dabei aber Fragen der Sinnlichkeit und Sexualität ausgeklammert würden. Allerdings werden die Freuden der Liebe ganz an die Produktion brauchbarer, nützlicher Menschen gekoppelt

Universum
Sonnenstadt, Schnitt vertikal
Sonne
Merkur
Venus
Erde
Mars
Jupiter
Saturn
Neptun
Sonnenstadt:Schnitt horizontal
Sonnentempel
Weltordnung
Sonnenstadt, Sozialordnung

und sind amtlich geregelt. Wer über neunzehn Jahre alt ist, darf alle drei Tage an einer Liebesnacht teilnehmen, wobei die Behörden darauf achten, dass stets die Klügsten und Schönsten zueinanderfinden, oder aber auch, dass dünne mit dicken Menschen verbunden werden, um jeweils in den nachfolgenden Generationen wieder Ausgleich zu schaffen. Auch die Erziehung und die weitere Bildung und Ausbildung finden ab dem Alter von zwei Jahren in gesellschaftlich geführten Einrichtungen statt, die zugleich eine Auswahl nach Begabungen und Befähigungen gewährleisten müssen. Dies gilt für Männer und Frauen nahezu gleichermaßen. Denn auch Frauen, zumindest wenn sie fruchtbar sind und Mütter werden können, stehen politische und sonstige Ämter offen. Grundsätzlich kann in dieser Gemeinschaft jeder alles werden, wenn die dazu beauftragten Behörden ihn oder sie als geeignet einschätzen.

Faszination und Grenzen der Buchhaltung

Karlsruhe
Die im Jahr 1715 gegründete und weitgehend auf dem Reißbrett entworfene Residenzstadt orientiert sich in ihrem Grundriss am Modell der Sonne, in deren Zentrum sich das markgräfliche Schloss befindet, von dem aus die Straßen strahlenförmig ausgehen.

Seit jeher haben Philosophen und Schriftsteller in ihren Sozialutopien den Versuch unternommen, die ihrer Ansicht nach ideale Gesellschaftsform zu beschreiben und zu begründen. Campanellas Entwurf nimmt dazu Ansatzpunkte aus Platons »Politeia« auf, in der dieser um 370 v. Chr. die Voraussetzungen und Gegebenheiten eines guten Gemeinwesens (einer Polis) aufzeichnete. Dort ging es noch um eine Aufteilung der Stände nach Funktionen; neben Bauern und Handwerkern waren dies den Kriegern und Priestern gleichgestellte Philosophenkönige, deren Weisheit die gute Ordnung zugeschrieben und zur Bewahrung überlassen war. Neben Platons Schriften und den Überlieferungen über das antike Sparta berücksichtigte Campanella bei seinem Entwurf der Sonnenstadt aber auch die zeitgenössischen Nachrichten, die er über das im 16. Jahrhundert eroberte Reich der Inka erhalten konnte.

Wesentlich sind für ihn deshalb die Herrschaft eines Philosophenkönigs und einer Aristokratie des Geistes, die Güter- und Frauengemeinschaft sowie der Versuch, die Gesellschaft nach symmetrischen Figuren zu ordnen. Auf der einen Seite fasziniert eine vernünftige Ordnung, die keine Standesschranken kennt und die Benachteiligung von Frauen zum Teil sogar aufhebt. Ihr steht allerdings eine Macht der Verwaltung und des Nützlichkeitsdenkens gegenüber, die sich in späteren Gesellschaftsentwürfen dann auch in einer Macht der Buchhaltung niederschlägt, die freilich kaum geeignet erscheint, der Freiheit und Individualität von Menschen gerecht zu werden. So legte der französische Sozialist Charles Fourier zum Beispiel bereits die Zahl der Mahlzeiten und die Speisefolge fest, die in künftigen »ideal« geführten Gesellschaften gelten sollten, auch wenn manchem darüber wohl eher der Appetit vergehen könnte.

Springfield
Wo die Menschen gelb sind

Land/Ort	Lage	Größe	Bevölkerung	Wichtigster Ort	Weitere Orte und Plätze	Sehenswürdigkeiten
Springfield	Irgendwo in den USA, zwischen Ohio, Nevada, Maine und Kentucky; in den 50 Staaten der USA existieren rund 35 Springfields	Stadtgebiet ca. 20000 km² Agglomeration ca. 2 Mio. km² Großraum dreimal so groß wie Texas	Rund 30000 Menschen Einwanderer aus den amerikanischen Ostküstenstaaten viele Iren	Haus der Simpsons 742, Evergreen Terrace	Veteranenpark Springfield State Building Atomkraftwerk Kirchen und Synagoge Chinatown	Denkmal für den Stadtgründer South Street Squidport Zitronenbaum Springsonian Museum (»Where the Elite meet Magritte«) Springfield National Forest and Wetlands Springfield Aquarium (»Dead Fish Skimmed Daily«)

Wer mit Homer Simpson zur Arbeit, mit Bart und Lisa zur Schule oder mit Marge zum Einkaufen in den Sprawl Mart oder die Springfield-Mall fährt, befindet sich schon mitten im Alltag einer mittelgroßen amerikanischen Stadt, in Verhältnissen, denen die unseren in mancherlei Hinsicht immer ähnlicher werden. Wenn die Leute nicht so gelb wären und nicht alle einen Oberbiss hätten, sähen sie aus wie Du und Ich. Auch sonst liegt der Reiz dieser seit 1989 in vielen Fernsehkanälen gezeigten amerikanischen Zeichentrickserie darin, dass sie einen Alltag zeigt, den jeder kennt, und diesen in komischer, vor allem aber grotesker und bis an den Zynismus heranreichender Weise denunziert. Die Mischung aus Einfalt, naiver Selbstbezogenheit, Egoismus und Herzensgüte, die Homer Simpsons Charakter ausmacht, und das Zusammentreffen von mütterlicher Fürsorge, jahrzehntelang angesammeltem Ehefrust und der Neigung zu »höheren Dingen«, wie es sich bei Marge Simpson zeigt, lassen in jeder Familie Erinnerungen wach werden. Mal mehr, mal weniger.

Der hochbegabten Lisa fallen alle Fragen politischen Bewusstseins, Fragen der Moral und der Bürgerverantwortung zu. Sie stellt in ihrem beständigen Engagement für das Gute in der Welt eine Art Parodie und Vertreterin der modernen Intellektuellen dar, freilich unter den Bedingungen des Grundschulalters. Neben ihr spielt Bart Simpson die Hauptrolle. Er ist der kleine, naive und doch zugleich gewitzte Sohn, dem

Autor
Matt Groening
amerikanischer Comiczeichner und Autor
* 15. 2. 1954 Portland, Oregon
mit der seit 1989 in inzwischen 21 Staffeln ausgestrahlten Comicserie »Die Simpsons« schuf er die bisher am längsten laufende Comicserie des US-Fernsehens

WERK
Originaltitel
Work is Hell, 1986
School is Hell, 1987
The Simpsons, seit 1989
The Big Book of Hell, 1990
Love is Hell, 1994
Verfilmungen
Die Simpsons – Der Film (2007)
Futurama (bislang vier Folgen, 2007–2009)

unter Anleitung seines ebenso beschränkten wie verrückten Vaters die verschiedensten Streiche einfallen und der als Bruchpilot mitunter in den dadurch in Gang gesetzten Abenteuern leiden muss, aber doch immer wieder auch durchkommt.

Aber nicht nur Bart stellt eine Identifikationsfigur für alle dar, die im Leben vieles wollen und denen doch nur manches gelingt, mitunter oder häufig sogar eher das, was sie nicht wollten. Die ganze Familie Simpson kann als eine Art amerikanischer Durchschnittsfamilie gesehen werden, so wie die Stadt Springfield – trotz ihrer relativ geringen Einwohnerzahl – die amerikanische Gesellschaft auch im Ganzen darstellt. Natürlich arbeitet nicht jeder Vater in einem Atomkraftwerk, aber Homer arbeitet ja dort auch nur als Sicherheitsbeauftragter in abhängiger Stellung und versucht mit Tatkraft, aber auch Trägheit, zeitweise sogar mit Verantwortungsgefühl, seinen Job zu machen – zumindest die Zeit bis zur nächsten Pause herumzukriegen. Im wirklichen Leben, und dies zeigen die Simpsons in manchmal grotesker Verfremdung, machen es die meisten ja auch nicht anders.

KLEINSTADT: ZWISCHEN HÖLLE UND MITTELMASS

MOTTO
Das eine Motto der Stadt Springfield lautet: »A noble spirit embiggens the smallest man« (Eine großherzige Gesinnung macht auch den kleinsten Mann größer). Das andere allerdings lautet: »Corruptus in Extremis«.

Wie viele nordamerikanische Provinzstädte ist Springfield recht großflächig angelegt und verfügt über breite, zum Teil von Bäumen und Parks gesäumte Straßen. Die Stadt liegt am Nordufer eines größeren Sees, in den von Nordwesten, aus dem Springfield Lake kommend und damit die Stadt in zwei Teile schneidend, der Fluss Springfield mündet. Dabei liegt der überwiegende Teil der Stadt, nahezu durchgehend in rechteckige Planquadrate unterteilt, auf der Ostseite und nur ein kleinerer Teil westlich des Flusses, der kurz vor seiner Mündung noch einmal einen Schwenk in östlicher Richtung macht und so in einer Rechtskurve eine Halbinsel umschließt. Auf ihr finden sich neben einigen Freizeiteinrichtungen wie dem Rock and Roll Museum, dem Springfield Aquarium und dem Vergnügungspark »South Street Squidport« auch Chinatown, Little Italy mit seinen Gaststätten sowie weitere Unterhaltungsangebote, Restaurants und Bars. Zu nennen sind das Springfields Dinner Theater, Paté LaBelle, The Gilded Truffle, Chez Guevara und One Night Stan's, nicht zuletzt die berüchtigte SheShe-Lounge und die French-Confection-Bar.

Auf dieser Seite des Flusses schließen sich nach Westen hin der große Friedhof und der Tierfriedhof an, nördlich davon liegen die Universität sowie Schulen und soziale Einrichtungen, beispielsweise das John-Ford-Center for Alcoholic Cowboys, aber auch Unterhaltungsstätten wie der Springfield Speedway. Westlich und nördlich davon sind dann große Parks und die Landsitze der wirklich reichen Leute zu sehen, zu denen natürlich auch Homers Arbeitgeber Mr. Burns, Milliardär und Besitzer des Atomkraft-

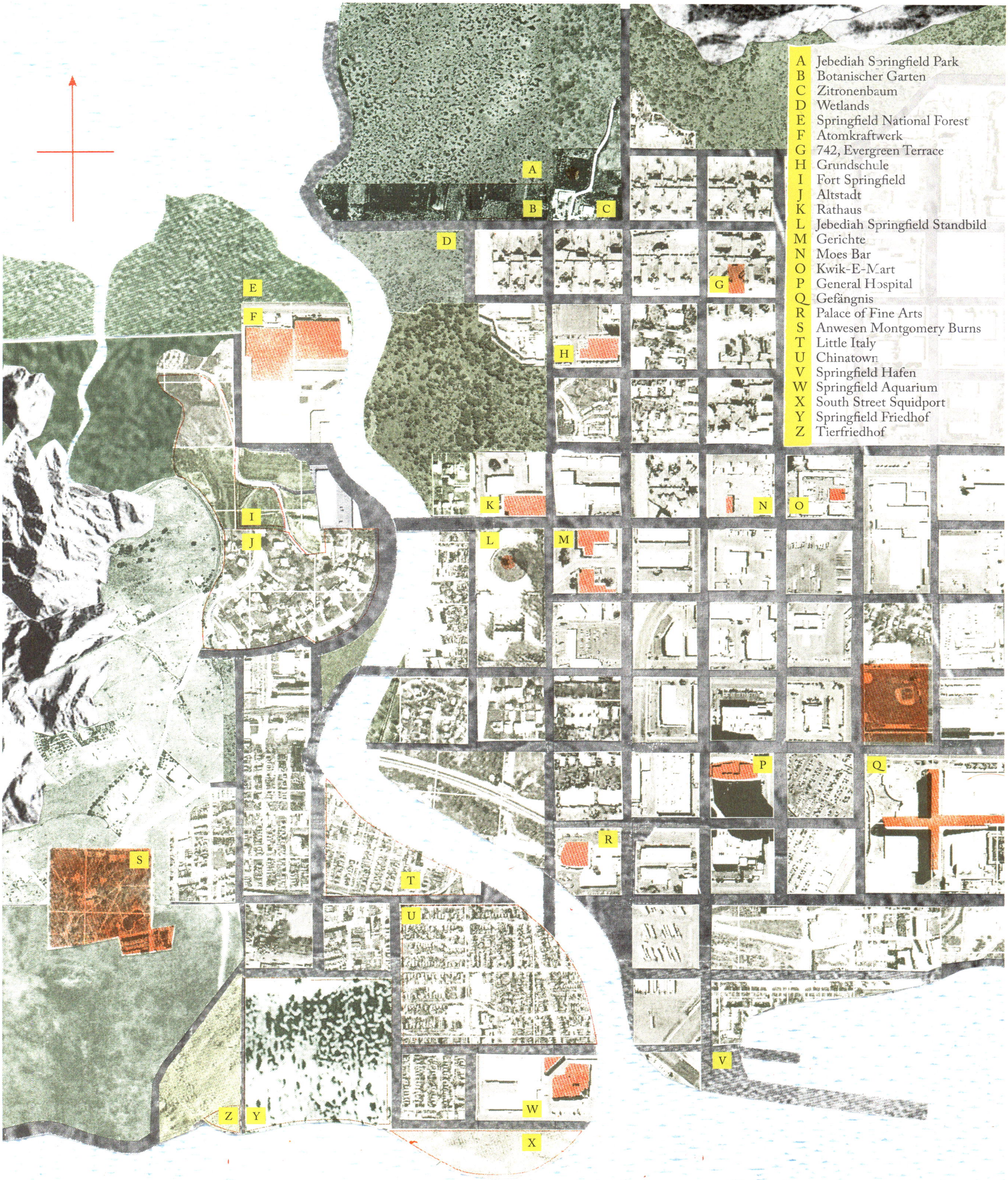
A Jebediah Springfield Park
B Botanischer Garten
C Zitronenbaum
D Wetlands
E Springfield National Forest
F Atomkraftwerk
G 742, Evergreen Terrace
H Grundschule
I Fort Springfield
J Altstadt
K Rathaus
L Jebediah Springfield Standbild
M Gerichte
N Moes Bar
O Kwik-E-Mart
P General Hospital
Q Gefängnis
R Palace of Fine Arts
S Anwesen Montgomery Burns
T Little Italy
U Chinatown
V Springfield Hafen
W Springfield Aquarium
X South Street Squidport
Y Springfield Friedhof
Z Tierfriedhof

werks, gehört. Weiter im Westen sind in einiger Entfernung Berge zu erkennen, zum Teil so hoch, dass sie mit Schnee bedeckt sind, dann folgt eine unabsehbar weite Wüste. Im Nordwesten und im Norden wird die Stadt von einer Park- und Seenlandschaft, von Wäldern und Hügeln begrenzt, zu denen der Jebediah Springfield Park, der den Namen des Stadtgründers trägt, einen Übergang darstellt. Hier sind unter anderem auch der Zoo und der Botanische Garten zu finden. In Richtung Norden führt eine Straße in die Nachbarstadt Shelbyville. Ebenfalls noch auf der Westseite des Flusses, am nördlichen Stadtrand und direkt am Flussufer, liegt die bedeutendste Einkommensquelle der Stadt, eben jenes Atomkraftwerk, in dem Homer mit Fatalismus und Tatkraft seiner Arbeit nachgeht. Direkt auf der Rückseite des Kraftwerks befindet sich das Schlachthaus, und etwas weiter wieder in Richtung Süden findet sich der wohl älteste Teil der Stadt. Hier, im Fort Springfield, wird eine Ausstellung zum amerikanischen Bürgerkrieg gezeigt, passend dazu direkt nebendran ein »gut ausgestattetes Lernzentrum für begabte Kinder«; Herkunft, Bildung und Besitz liegen auch in Springfield nicht weit auseinander. Denn auch in der Welt der Simpsons gilt offensichtlich das von dem amerikanischen Soziologen Robert Merton beschriebene Matthäusprinzip: Wer hat, dem wird gegeben.

SCHON GEWUSST?
Ein Wahrzeichen der Stadt ist der »potbellied sparrow«, der Dickbauchspatz.
Die Telefonvorwahl für Springfield ist 636 oder 939.
Unter http://adn.blam.be/springfield/ bietet das Netz eine interaktive Karte von Springfield.
Der in seinen Ursprüngen historisch umstrittene »Knüppeltag« (Whacking Day), der in Springfield alljährlich am 10. Mai mit einer Knüppeljagd auf Schlangen begangen wird, gilt manchem als der schönste Tag des Jahres. Das Lied dazu »O Whacking Day, o Whacking Day« wird nach der Melodie von »Oh Tannenbaum« gesungen.

Auf dem Ostufer des Flusses, ziemlich genau dem Alten Fort gegenüber, liegt das Verwaltungszentrum der Stadt: Rathaus und Gerichte sowie weitere kommunale Einrichtungen, Büchereien und die Post. Besonders hervorzuheben sind das Denkmal für den Gründer der Stadt gleich neben dem Rathaus, sowie, einen Block weiter als der Oberste Gerichtshof und gleich gegenüber der Junior High School, Moe's Bar. Hier in dieser ziemlich heruntergekommenen Bar, die dem zwielichtigen Moe Szyslak gehört, gibt es nicht nur das von Homer Simpson bevorzugte Duff-Bier. Vielmehr dient sie ihm auch sonst als Flucht- und Erholungsort; mitunter werden zudem vertrackte und auch nicht ganz legale Geschäfte hier getätigt. Im weiteren Umkreis, da, wo die Stadt im Norden und im Osten bis zum Horizont zu reichen scheint, finden sich neben Siedlungen und Wohnanlagen Kinos und Shopping Malls, Krankenhäuser und Museen wie etwa das Springfield Knowlegeum und der Springfield Palace of Fine Arts.

Städtische Wohlgeordnetheit und die Absurdität der Menschen im Kleinen wie im Großen zeichnen auch die Kleinstadt Springfield aus und machen sie beispielhaft für eine durchschnittliche, mittelmäßige Welt, wie sie auch anderswo und überall existiert. Einzig und allein der Heroismus fällt auf, mit dem die Bewohner ihr Leben führen. Die Frage, ob es neben solchem Mittelmaß dann überhaupt noch einer Hölle bedarf, bleibt offen und wird auch innerhalb der Geschichten immer wieder eher ins Lustige, Komische oder Lächerliche statt ins Tragische gedreht. Gott selbst tritt ebenfalls ab und zu in Erscheinung, und er hat als einziger fünf Finger an jeder Hand. Für seine Geschöpfe, falls er sie denn geschaffen hat, hatte er nur vier Finger übrig. So hat es zumindest der Autor und Zeichner Matt Groening gesehen. Angeblich hat er die Simpsons auch deshalb gelb gemalt, weil er damit Fernsehzuschauer irritieren wollte; sie sollten zunächst glauben, ihr Gerät sei kaputt. Möglicherweise fehlten ihm aber gerade nur andere Farben, als er seine Figuren schuf.

Brauchen Menschen Sinn?

Der Überlieferung nach war Jebediah Springfield, der Gründer der Stadt, zunächst der Anführer einer Gruppe religiöser Pilger, die sich im Jahr 1796 aufgrund einer falsch verstandenen Bibelstelle auf die Suche nach einem neuen Sodom gemacht hatten und so an den Fluss Springfield kamen, an dem sie die Stadt gründeten und wohl auch einen Zitronenbaum, eines der Wahrzeichen der Stadt, pflanzten. Allerdings kam es schon bald zu einem Streit. Während Springfield und seine Anhänger dort in Ruhe leben und Hanf für ihre Kleidung anbauen wollten, suchten andere unter ihrem Anführer Shelbyville Manhattan nach einem Platz, an dem, so wie sie es aus der Bibel verstanden hatten, auch Cousins und Cousinen einander heiraten konnten. In der Folge gründeten sie in der Nachbarschaft die Stadt Shelbyville, mit der Springfield bis in die Gegenwart durch Konkurrenz und gegenseitige Missgunst verbunden ist. Im 20. Jahrhundert wuchs Springfield sehr rasch und wurde immerhin bald eine der vierhundert am schnellsten wachsenden Städte der USA. Hier wurden die berühmten Springfield-Pantoffeln hergestellt, hier entstand auch die erste amerikanische Fabrik für Amphibienfahrzeuge und schließlich wurde hier auch jenes Atomkraftwerk gebaut, das die Stadt nicht nur mit Energie und Arbeitsplätzen versorgt, sondern das sie gegebenenfalls auch noch in ferner Zukunft strahlen lässt.

Im Westen, auf der Seite der feinen Leute und der Avantgardisten, wohnen die Simpsons nicht. Allerdings gibt es wie in der realen Welt auch auf ihrer Seite im Osten alles, was Menschen anderswo haben oder brauchen: Fernsehen und Fast Food, Ängste vor der Schule und erste Liebe, gemeinnützigen guten Willen, Schadenfreude und Größenwahn, ignorante Polizisten, überforderte Lehrer und nette Nachbarn, die Liebe zum Tier und die Fürsorge für die eigene Familie, manchmal sogar die Sorge um die Zukunft und um die eigene Umwelt. Diese Geschichten zeigen, dass Menschen offensichtlich nicht ohne Sinnerwartungen auskommen können, sich jedoch bei der Sinnfindung häufig selbst im Wege stehen. Was bleibt, ist die Vitalität der Figuren. In ihrem Vermögen, sich, wie es der amerikanische Philosoph Richard Rorty formuliert hat, »durchzuwursteln«, sind sie uns nicht unähnlich – was vielleicht auch einen Teil des dämonischen Vergnügens ausmacht, ihnen weiterhin zuzuschauen.

Das »wahre« Springfield
Die Stadt Springfield im Bundesstaat Vermont (9078 Einwohner im Jahr 2000) gewann 2009 den im Zusammenhang der Filmwerbung ausgeschriebenen Preis, das »wahre« Springfield zu sein.

Utopia
Ordnung und Langeweile

Land/Ort	Lage	Größe	Bevölkerung	Wichtigste Stadt	Weitere Orte	Sehenswürdigkeiten
Utopia	Ringförmige Insel an der Nordost-küste Südamerikas	An ihrer breitesten Stelle ca. 320 km, Umfang etwa 800 km	Rund 2,4 Mio. Bürger Sklaven Kriegsgefangene Arbeitsmigranten	Hauptstadt Amaurotum (Nebelstadt)	53 weitere Städte, mit Nummern gekennzeichnet	Leuchtturm auf einer Klippe Gärten und Stadtanlagen landwirtschaftliche Einrichtungen

Autor
Thomas Morus
englischer Schriftsteller, Philosoph und Staatsmann
* 7.2.1477 oder 1478
† 6.7.1535 London
mit diesem in Dialogform angelegten Bericht über eine ideale Gesellschaft schuf Morus einen Grundlagentext der politischen Philosophie der Neuzeit

Wie nach Frankreich in den Jahren nach der Revolution 1789 reisten nach der Oktoberrevolution 1917 zahlreiche Intellektuelle, Schriftsteller und andere Künstler nach Russland bzw. in die neu gegründete Sowjetunion. Sie wollten sehen, wie eine neue, endlich gut organisierte Gesellschaft aussieht, in der nicht mehr Macht, Geld und Besitz den Ton angeben, sondern in der sich die Menschen auf der Grundlage ihrer eigenen Arbeit und nach vernünftigen Prinzipien selbst organisieren können. Auch später noch wurden mit ähnlichen Absichten solche Reisen, etwa nach Kuba oder China, unternommen. Immer in der Hoffnung, nicht nur eine neue Gesellschaft zu sehen, sondern auch beim Werden eines neuen Menschen dabei zu sein. Diese Hoffnung teilten viele politische Ideologien im 19. und 20. Jahrhundert mit älteren, auch religiösen Vorstellungen.

Thomas Morus' um 1500 entstandener Bericht über eine gerade erst – kurz nach den Reisen des Kolumbus – entdeckte Insel an der nordöstlichen Küste Südamerikas und den dort offensichtlich schon lange bestehenden idealen Staat steht dabei an einer Übergangstelle zwischen den Zeiten und zwischen älteren und neueren Vorstellungen von Menschen und Politik. Seine Beschreibung einer idealen Gesellschaft bewegt sich zwischen älteren, noch ganz religiös geprägten, idealistischen Erwartungen an ein auf der Erde einzurichtendes Paradies und der mehr oder weniger realistischen Beschreibung sozialer, wirtschaftlicher und politischer Regelungen, die dazu genutzt werden können, eine insgesamt vernünftige und erfolgreiche Gesellschaft aufzubauen. Für sie hat Morus das Kunstwort Utopia geschaffen: ein Ort, der nicht existiert [griechisch U-Topos = Nicht-Ort].

Sicherlich lässt sich Vieles über die Vernünftigkeit einzelner Maßnahmen und die soziale, politische und wirtschaftliche Ordnung des Landes Utopia sagen, ein Paradies ist es aber offensichtlich ebenso wenig wie die »neuen Gesellschaften« des 20. Jahrhunderts. Indem Morus den Bericht in den Mund des portugiesischen Arztes und Weltreisenden Raphael Hythlodeus legt, der Utopia auf einer seiner Reisen mit Amerigo Vespucci im Jahr 1504 besucht haben will, schafft er sich literarische Freiräume: für Fragen und Distanz, für Reflexion und zum Teil auch für die ironische Erörterung nicht nur der mitgeteilten Fakten, also etwa zur Länge der Brücke über den Fluss Anydrus in Amaurotum, der Hauptstadt Utopias, sondern auch über die Form einer solchen Reisebeschreibung und über den allgemeinen Sinn politischer Spekulationen überhaupt. Immerhin kann der Name seines Gewährsmanns auch mit »Possenreißer« übersetzt werden.

Natur und Vernunft

Schon die Anlage der Insel zeigt das Zusammenwirken von Mensch und Natur, Verstand und Planung, wobei natürlich alle Faktoren zusammen im Rahmen einer ebenso vernünftigen wie fehlerlosen göttlichen Schöpfung gesehen werden sollen. Utopos, der sagenhafte Gründer des Reiches der Utopier, hatte wohl bereits bei der ersten Besiedlung die günstige Lage der ansonsten klimatisch und landschaftlich nicht außergewöhnlichen, aber eben von Fleißigen und Klugen nutzbaren Insel erkannt und sie mithilfe seiner eigenen vernünftigen Einsicht noch verbessert. Ursprünglich war die Insel über einen etwa 24 Kilometer langen Damm mit dem Festland verbunden; dieser Damm wurde als erste Maßnahme beseitigt, um die strategische Lage der Insel zu verbessern.

Insgesamt lässt sich die Insel als eine Art Ring vorstellen, deren Gestalt von Morus mit der des zunehmenden Mondes verglichen wird. Nach Süden hin ist dieser Ring geöffnet, sodass eine etwa 18 Kilometer breite, allerdings von Riffen und Felsen durchsetzte Einfahrt in ein Binnenmeer vorhanden ist. Diese Zufahrt ist nur denjenigen zugänglich, die entweder wie die Utopier die Untiefen der Wasserstraße genau kennen, oder denen die Einheimischen mit verschiedenen Signalen, unter anderem von einem Leuchtturm auf einer der Eingangsklippen aus, den Weg zeigen. Während die an der Außenseite der Insel liegenden Städte und Hafenanlagen über starke Festungen verfügen, die eine Eroberung nahezu ausschließen, sind die Häfen und Städte, die an dem von der Insel fast gänzlich umschlossenen Binnenmeer liegen, durch eben

Werk

Originaltitel
Libellus vere aureus nec minus salutaris quam festivus de optimo rei publicae statu deque nova insula Utopia, 1516 (Ein wirklich herrliches und nicht weniger heilsames, sondern kurzweiliges Büchlein über die beste Staatsverfassung und die neu entdeckte Insel Utopia;
erste deutsche Übersetzung: »Von der wunderbarlichen Innsul Utopia«, 1524)

Erasmus von Rotterdam
Der bedeutendste Gelehrte des humanistischen Zeitalters war nicht nur Freund von Thomas Morus, dem er seine Schrift »Lob der Dummheit« widmete, sondern er hatte maßgeblichen Anteil daran, dass Morus die »Utopia« 1516 veröffentlichte.

diese schwierige Einfahrt bereits geschützt. Sicherlich hat Utopia auch Feinde, braucht sie aber schon wegen dieser geografischen Gegebenheiten kaum zu fürchten. Hinzu kommt, dass es sich bei Utopia um ein klug geführtes und wirtschaftlich starkes Land handelt, das möglichen kriegerischen Verwicklungen schon dadurch zuvor kommt, dass potentielle Feinde durch gedungene Späher und, wenn es sein muss, auch Attentäter bekämpft beziehungsweise ausgeschaltet werden. Dabei sind die Utopier durchaus auch für den Kriegsfall gerüstet. Zum einen haben alle Bürger Waffenübungen absolviert und sind mit Waffen gut versorgt, zum anderen ist das Land reich genug, um Söldner anzuwerben und diese in den Kampf zu schicken. Dies wird allerdings nur selten nötig sein, da die strategisch günstige Lage im Verbund mit einer vorausschauenden Politik eine solche Unterstützung meist überflüssig macht.

Messen, Rechnen, Arbeiten

Utopische Gesellschaftsentwürfe
Andere utopische Gesellschaftsentwürfe von der Art der »Utopia« sind: »Geschichte der Sévaramben« (1677) von Denis Vairasse, »Wunderliche Fata einiger See-Fahrer…« (1731–46, ab 1828 unter dem Titel »Die Insel Felsenburg«) von Johann Gottfried Schnabel und »Die Reise nach Ikarien« (1840) von Étienne Cabet

Insgesamt besteht Utopia aus 54 Städten. Das im Norden, nahe dem Scheitelpunkt des Ringes gelegene Amaurotum (auch Nebelstadt genannt) ist die Hauptstadt. Alle anderen Städte erstrecken sich wie zwei Bänder entlang der inneren und der äußeren Küste. Die Städte sind in nahezu gleichem Abstand von knapp 40 Kilometern angelegt, sodass sie jeweils in einer Tagesreise erreicht werden können. Auch diese Siedlungen wurden bereits von Utopos selbst gegründet, wobei die Hauptstadt als eine Art Vorbild diente. Alle anderen Städte sind ähnlich, in der Regel etwas weniger prächtig gestaltet. Amaurotum liegt am Abhang eines Hügels und am Fluss Anydrus, der etwa 130 Kilometer oberhalb der Stadt entspringt und knapp 100 Kilometer flussabwärts in den Atlantischen Ozean mündet. Sie ist auf einer Grundfläche von etwa sechs Kilometern Seitenlänge quadratisch angelegt, mit drei starken Mauern und entsprechenden Gräben umgeben und zum Fluss hin offen. Die Häuser bestehen aus Stein und haben flache, regenfeste Dächer. Die Anordnung der Häuser und die dazwischen verlaufenden Straßenzüge lassen wiederum neue Quadrate entstehen. Jeweils an den Rückseiten der Häuser liegen die Gärten, die von den Bewohnern, die ihre Häuser alle zehn Jahre wechseln, mit großer Sorgfalt gepflegt werden.

Auch bei der Anlage der übrigen Städte, aber auch des dazwischenliegenden Landes und der dort vorhandenen landwirtschaftlichen Betriebe wird erkennbar, dass die Gründer und Verwalter von Utopia messen und rechnen konnten. Mithilfe der Geometrie wurden für alle Einwohner nahezu gleiche Lebensräume und Lebensverhältnisse möglich. Auch hierin zeigt sich der Idealzustand dieser Republik, in deren Mittelpunkt die Organisation einer gesellschaftlichen Arbeit steht, deren Früchte von allen und für alle geschaffen werden. Jeder Mensch muss sechs Stunden am Tag ar-

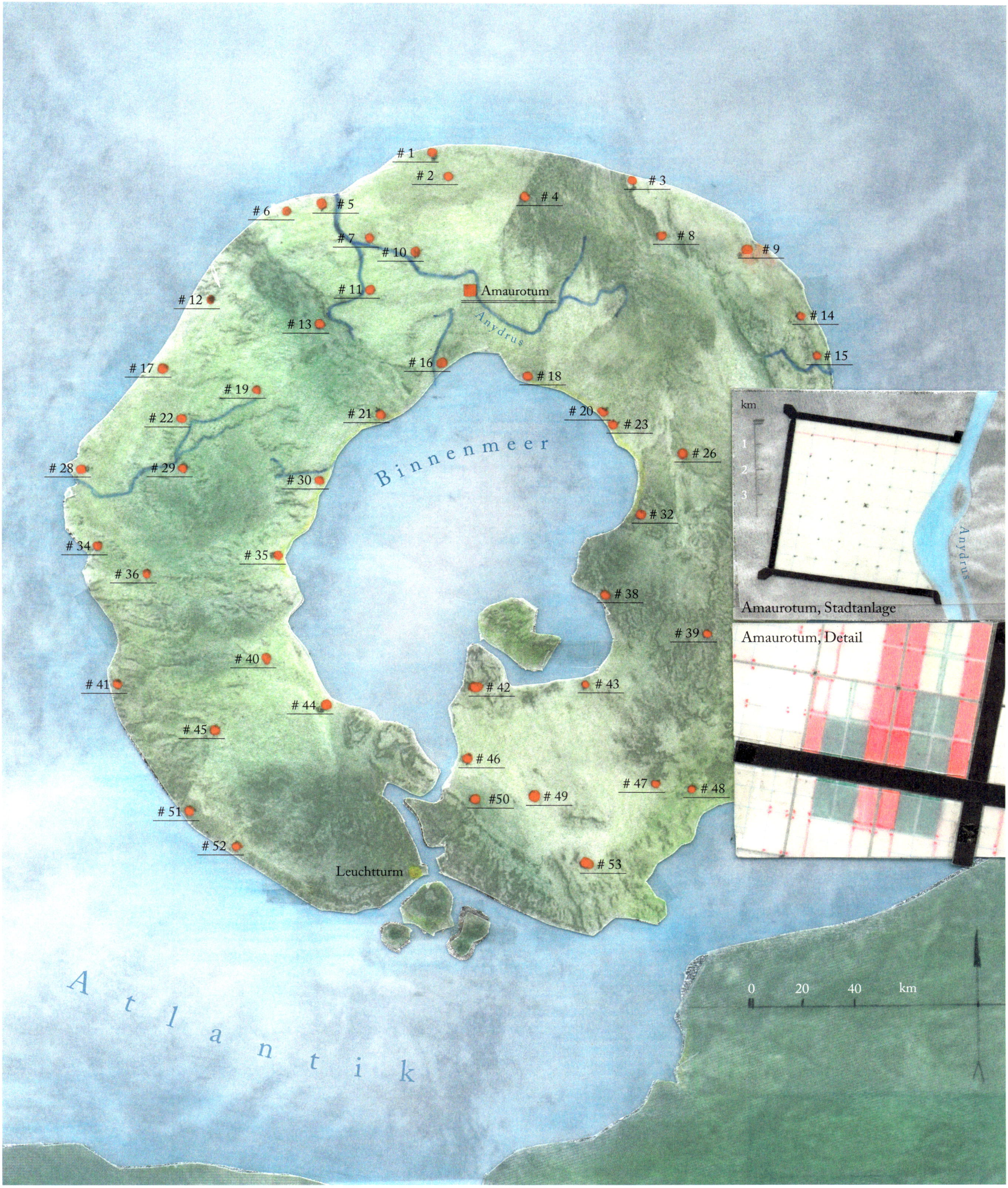

1
2
3
4
5
6
7
8
9
10
Amaurotum
11
12
13
Anydrus
14
15
16
17
18
19
20
21
22
23
26
28
29
30
Binnenmeer
32
34
35
36
38
39
40
41
42
43
44
45
46
47
48
#50
49
51
52
53
Leuchtturm
Atlantik
0 20 40 km
km
1
2
3
Anydrus
Amaurotum, Stadtanlage
Amaurotum, Detail

beiten, jeder muss zwei Berufe erlernen und kann sich dann nach seinen Neigungen zwischen den beiden entscheiden. Jährlich werden Teile der Stadt- und der Landbevölkerung gegeneinander ausgetauscht, sodass letztendlich alle überall gearbeitet haben. Zugleich wird von allen, Männern wie Frauen, gleichermaßen erwartet, dass sie sich in ihrer Freizeit bilden, was mit den unterschiedlichsten Angeboten gefördert wird. Geeignete Personen, die sich für Führungsaufgaben qualifizieren können, werden von Beamten ausgesucht, wobei die Beamten selbst auf allen Stufen jeweils gewählt werden und in ihren Befugnissen auch beschränkt sind. Im Zentrum dieser Gesellschaft steht die Organisation der Arbeit, gekoppelt an den völligen Verzicht auf Privateigentum. Staatliche Verwaltung sichert die Versorgung der Bevölkerung und die kluge, das heißt rechnende und messende Vorausschau sorgt dafür, dass auch künftige Entwicklungen angemessen verarbeitet werden können, wozu auch eine staatlich geregelte Geburtenregelung gehört.

Auch die politische Organisation des Staates als Republik ruht auf berechenbaren Grundlagen. Es gilt strenge Monogamie. Die Menschen leben in Produktions- und Wohneinheiten zusammen, die einem gewählten Vorsteher unterstehen. Mehrere Wohneinheiten wiederum schließen sich zu größeren Einheiten mit entsprechenden Leitungsbeamten zusammen. An der Spitze des Staates steht ein auf Lebenszeit gewähltes Staatsoberhaupt. Schließlich ist noch hervorzuheben, dass Utopia in religiösen Dingen tolerant ist. Zwar gilt die Existenz eines Schöpfergottes als ausgemacht, und auch der Glaube an die Unsterblichkeit der Seele gilt allgemein. Im Übrigen aber kann jeder seinen Glaubensüberzeugungen nach Gutdünken nachgehen, freilich darf er dabei die bestehende Ordnung nicht gefährden oder verletzen.

Musik und Langeweile

Privates und individuelle Bedürfnisse haben in Utopia nur einen begrenzten Platz. Musik gilt als ein erlaubtes, ja gefördertes Medium, damit Menschen auch einmal aus sich selbst herausgehen, Empfindungen freien Lauf lassen können. Für weitere Exzesse, aber auch für gemäßigtere Wünsche, ist kein Raum. Von Natur aus sollen Menschen so klug und von ihrem Interesse geleitet sein, dass sie sich einer insgesamt vernünftigen und durchgeplanten Ordnung unterwerfen wollen. Deshalb ruht der ideale Entwurf Utopias im Ganzen auf einer bis ins Detail ausgearbeiteten Ordnung, die freilich deren Glanz nicht vergrößert, sondern aus einem Mangel an Handlungsmöglichkeiten auch Langeweile erzeugt. Nicht zuletzt wegen dieses Dilemmas gehört diese fast fünfhundert Jahre alte Schrift des Thomas Morus noch immer zu den Grundlagentexten politischer Bildung, während ihr Titel ein Fachbegriff geworden ist, der auch im Alltag verstanden wird.

Nova Atlantis

Der Wissenschaftsorganisator und Philosoph Francis Bacon schrieb um 1614 in der Nachfolge von Thomas Morus die Utopie »Nova Atlantis« (erschienen 1627), ebenfalls die Beschreibung einer Insel, auf der in einem wohlgeordneten Staatswesen vor allem die vorbildliche Organisation der Wissenschaften hervorhoben wurde.

Walhall

Wohnstatt großer Krieger und starker Trinker

Land/Ort	Lage	Größe	Bevölkerung	Wichtigster Ort	Weitere Orte	Sehenswürdigkeiten
Walhall	Saal in Odins Burg in Asgard im Land der Asen	Saal mit 540 Toren, jedes einzelne so breit, dass 800 Krieger nebeneinander einziehen können	Odin Walküren Krieger Koch Andhrímnir	Tafel der Krieger Hlidskialf, der Thron Odins	Fecht- und andere Kampfplätze vor den Toren	Schilde und Schwerter Jagdtrophäen

Wäre der Germanenspuk nicht durch die Nationalsozialisten und ihre Vorläufer für alle Zeiten in Verruf gekommen, so könnten Odin, Freyja, Thor und wie sie alle heißen heute genau so groß und mächtig erscheinen wie andere Götter und Helden auch.

Ob es sich dabei um Stärke oder Verschlagenheit, die Kraft des Schwertes oder die Kraft der Lenden handelt, immer finden sich in den verschiedenen mythologischen Überlieferungen Beispiele für besondere Größe und besondere Schwäche auch bei den Göttern. Zumeist bis an die Grenzen der Vorstellbarkeit und des Anstandes, vielfach auch darüber hinaus. Nicht nur Dionysos oder seine lateinische Entsprechung Bacchus stellen sich auch als Götter des Exzesses und der Verwandlung dar. List und Betrug, Grausamkeit und Verrat zeichnen auch die Götter der nordischen Mythologie aus, insbesondere Loki verfügt über Tricks und Verwandlungskünste jedweder Art und besitzt darüber hinaus die zugehörige Verschlagenheit. Aber da, wo andere Mythologien sich dem Streit und den Liebschaften der Götter widmen oder sich mit Schöpfungsgeschichten und Fruchtbarkeitsriten befassen, stehen in der nordischen Mythologie tatsächlich der Kampf und die Schicksale der Krieger, auch die der zugehörigen Götter, im Mittelpunkt der Erzählungen. Totenkult und die Verknüpfung des Heldentums mit Leidensbereitschaft, Kampf und Tod, nicht zuletzt die immerwährende Bereitschaft

AUTOR

Wilhelm Richard Wagner
deutscher Komponist und Schriftsteller
* 22.5,1813 Leipzig
† 13.2.1883 Venedig
in seinem aus vier Opern bestehenden Hauptwerk »Der Ring des Nibelungen« nahm er nicht nur Einfluss auf die zeitgenössische Germanen-Schwärmerei, sondern auch auf die Vorstellungen von Walhall als einer Götterburg über dem Rhein

zur Wiederholung der Kämpfe, aber auch zur Wiederkehr der Toten, zum Beispiel in Form einer »großen Jagd«, oder zur Teilnahme an einem »Endkampf« der Riesen und der Götter, der diese in einen endgültigen Untergang führt, machen dann doch eine Besonderheit der nordischen Mythen aus. Vielleicht lassen sie sich in dieser Hinsicht mit den Totenkulten anderer von Jagd- und kriegerischen Abenteuern geprägter Gesellschaften, etwa der nordamerikanischen Indianer, vergleichen. In der Vorstellung Walhalls, einer Ehren- und Festhalle für alle getöteten und von den Göttern deswegen ehrenvoll aufgenommenen Krieger, verbinden sich freilich Wertmuster einer auf Kriegertum und Kampf gegründeten Welt- und Gesellschaftsvorstellung mit Bildern von einem Land der Toten, wie sie sich auch in den Mythen der Griechen und in anderen Überlieferungen finden.

Von der Hölle in den Himmel

Werke (Auswahl)
Originaltitel
Der fliegende Holländer (Uraufführung 1843)
Tannhäuser oder der Sängerkrieg auf der Wartburg (Uraufführung 1845)
Lohengrin (Uraufführung 1850)
Der Ring des Nibelungen (Uraufführung 1876)
Tristan und Isolde (Uraufführung 1865)
Die Meistersinger von Nürnberg (Uraufführung 1868)

Während andere Gestorbene in das in der Weltordnung unten gelegene Reich der Totengöttin Hel verbannt wurden, zeigt sich die Wertschätzung der Krieger in der nordischen Mythologie schon darin, dass diese sozusagen in den Himmel aufgenommen wurden. Immerhin befand sich Asgard, der Sitz der Götter, zu dem auch Walhall gehört, in der Krone der Weltenesche Yggdrasil. Hier konnten sie kämpfen und feiern. Neben den Waffendiensten, die freilich außerhalb der Halle stattfanden, gab es allabendlich entsprechende Trinkgelage, zu denen der vom Koch Andhrímnir stets wieder frisch zubereitete Eber Saehrímnir als Beilage gereicht wurde. Dienerinnen bei Tisch, aber auch Führerinnen der toten Krieger, die sie auf Odins Geheiß hin von den Schlachtfeldern jeweils aufzusammeln hatten, waren seine Töchter, die Walküren. So haben die tapferen der toten Krieger das Glück, ihre Zeit nach dem »Heldentod« am Hofe des obersten Gottes Odin zubringen zu können.

Das war nicht immer so. Den frühesten Überlieferungen zufolge war auch Walhall zunächst lediglich ein Ort der Toten, insbesondere der im Kampf Gefallenen, und ähnlich wie der Tartaros der Griechen lag auch dieses Totenreich unter der Erde oder im Inneren eines Berges. Auch war es ein alles andere als einladender Ort. Im Laufe der Zeit, also zwischen dem 6. und dem 10. Jahrhundert, setzte sich offensichtlich eine andere Vorstellung durch. Nun erfuhren die Krieger zunehmend eine besondere Behandlung. Neben dem Totenreich der Unterweltgöttin Hel, das nunmehr im Reich der Frostriesen, in Niflheim, gesehen wurde, entstand mit einem anders verorteten Walhall ein Platz, der der gesteigerten Wertschätzung von Kriegern, sei es in den nordischen Gesellschaften selbst, sei es bei einem Publikum, das diese Mythen aufnahm, entsprach. Zumindest konnte Walhall als Ort langsam aus der Unterwelt nach oben steigen. Han-

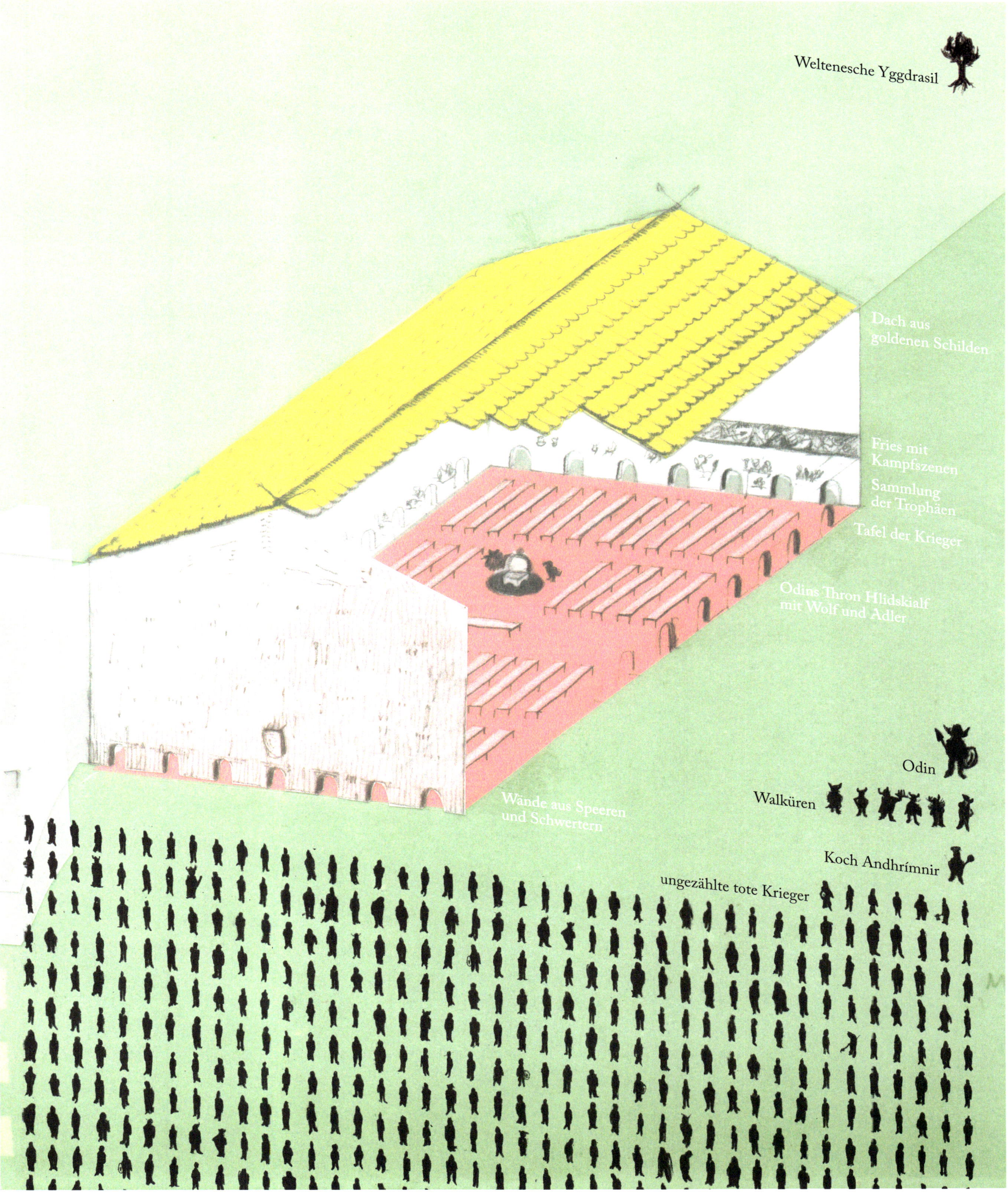
Weltenesche Yggdrasil
Dach aus goldenen Schilden
Fries mit Kampfszenen
Sammlung der Trophäen
Tafel der Krieger
Odins Thron Hlidskialf mit Wolf und Adler
Wände aus Speeren und Schwertern
Odin
Walküren
Koch Andhrímnir
ungezählte tote Krieger

delte es sich zunächst noch um eine Halle, die unter der Erde lag, so wurde sie später als von grünen Feldern umgeben geschildert. Anderen Quellen zufolge wanderte man durch Nebel der Sonne entgegen oder konnte eine Brücke überschreiten, um an den Sitz der Götter zu gelangen. Da den Göttern in der nordischen Mythologie schon immer erhöhte Wohnorte und Sitzplätze zugeschrieben wurden, mussten also die Toten erst einmal nach oben steigen, sollten sie in deren Nähe ihren Aufenthalt nehmen.

NATIONALE GEDENKSTÄTTE

Um die nationale Bewegung zu stärken, ließ der bayerische König Ludwig I. 1842 bei Regensburg eine Ehrenhalle bauen, die Büsten von Persönlichkeiten zeigt, die für Deutschland aus einer nationalgeschichtlichen Sicht als wichtig angesehen werden. Nach dem Vorbild des Pantheons in Rom haben auch andere Staaten Europas nationale Gedenkstätten für »die Großen« ihrer Geschichte eingerichtet: das »Panthéon« in Paris, die »Westminster Abbey« in London oder auch den »Wawel« in Krakau.

Dazu verbanden sich die Vorstellungen eines Götterhimmels mit denjenigen eines Totenlandes, so wie sie sich in den seit dem 10. Jahrhundert überlieferten Geschichten von Walhall fassen lassen. Nunmehr handelte es sich bei Walhall um eine riesige Halle in Odins Burg mit 540 Toren, von denen jedes so breit ist, dass 800 gefallene Krieger, die Einherjer, nebeneinander den Saal betreten können. Der Saal selbst hat eine Decke aus goldenen Schildern, in seiner Mitte steht Odins Thron. Von dort aus kann er nicht nur seinen Kriegern beim Tafeln zusehen, sondern auch alle neun Welten der nordischen Mythologie im Auge behalten. An langen Tischen und Bänken sitzen allabendlich die tapfersten der Krieger, sie trinken und schlemmen, wobei eindeutig das Trinken im Vordergrund steht. Ihren Göttertrank erhalten sie von der Ziege Heidrun, die sich auf dem goldenen Dach befindet und die sich von dort aus an den Blättern aus der Krone der Weltenesche nährt. Der Saal wird von einer langen Reihe blitzender Schwerter erleuchtet, ein Wolf und ein Adler, die Tiere, die Odin in der Schlacht begleiten, sind anwesend. Zur Bedienung stehen die Walküren bereit, die bereits während der Schlachten als Götter- und Todesbotinnen auftreten, um die sterbenden Krieger nach Walhall zu bringen. Das Kämpfen ist freilich mit dem Tod noch gar nicht zu Ende, denn – so die Überlieferung – auch Odin weiß, dass am Ende aller Zeiten der Kampf der Riesen gegen die Götter wieder aufflammen wird. Und eben für diesen Kampf sammelt er die tapfersten der Krieger, die allerdings – auch dies trägt zur Düsternis der nordischen Mythen bei – dann mit ihm gemeinsam auch untergehen werden.

WALHALL AM RHEIN

Vor dem Hintergrund eines Aufschwungs nationaler Bestrebungen spielen künstlerische und wissenschaftliche Projekte im 19. Jahrhundert eine starke, vor allem auf Massenlenkung und Bildungsprozesse zielende Rolle. Richard Wagner, der musikalisches Genie mit politischen Zielsetzungen, antisemitisches Ressentiment mit künstlerischen Absolutheitsansprüchen verbinden wollte, ließ sich für die Schaffung des von ihm angestrebten Gesamtkunstwerks von vorhandenen und natürlich auch widersprüchlichen Überlieferungen der nordischen Mythologie inspirieren. Auch andere Quellen, Märchenmotive und zum Beispiel das Nibelungenlied, fanden Verwendung. Walhall wurde zu einem eine ganze Götter-, Helden- und Weltgeschichte umspannenden Schauplatz.

Nun ist es Odin, von dem die Geschichte ausgeht und der bei Wagner Wotan heißt. In seinem Auftrag bauen die Riesen Fafner und Fasolt eine Götterburg am Rhein, die den Namen Walhall trägt. Allerdings kommt es schon bald zum Streit, da die Götter den zunächst zugestandenen Preis, die Göttin Freyja, weder hergeben können noch wollen. Erst als sie den Riesen anstelle der Göttin das Rheingold und den daraus geschmiedeten Ring übergeben, können die Götter die neue Festung beziehen. Hier sammelt Wotan nun, genau wie Odin, gemeinsam mit seinen Töchtern, den Walküren, alle tapferen Kämpfer, um sich mit ihnen gemeinsam auf den »Endkampf« – die »Götterdämmerung« – vorzubereiten. Freilich ist es vor allem der Ring, der weitere Zwietracht sät. Zunächst zwischen den beiden Riesen, später aber auch zwischen den nachfolgenden Generationen, zu denen unter anderem Siegfried und Brünhild, Hagen und Gudrun (bei Wagner Gutrune) gehören. Es folgen eine ganze Reihe von Abenteuern, in deren Verlauf Hagen schließlich Siegfried ermordet und Brünhild sich bei dessen Totenbestattung selbst verbrennt. Ein Weltenbrand wird damit entfacht, in dem schließlich auch Walhall und die ihres Lebens müden Götter untergehen. Ein Sieg, den die Kunst dem Leben gegenüber erringen kann, indem sie es in den schönsten Klängen und den emphatischsten Gesten, in den gewagtesten Denkfiguren denunziert.

Coda oder der musikalische Schlusssatz

Nach 1945 blieben von Wagners Entwurf von Walhall nur Klänge und Kostüme, eine zum Teil bildungsbürgerliche, zum Teil enthusiastische Verehrung seiner Musik und eine Menge Kritik. Die zaghaften Hinweise in den alten Göttererzählungen auf eine neue, nach dem Untergang der Götter sich aus dem Meer erhebende grüne Welt des Friedens und des Glücks, die die nordische Mythologie auch enthält, werden zwar bei Wagner zugunsten einer tragischen Gesamtschau geopfert, sie können aber auch eine Verbindung zur zyklischen Anlage anderer Mythologien schaffen und einen weniger todessüchtigen Blick auf die vorhandenen Überlieferungen der nordischen Mythen möglich machen.

Helgi
In der nordischen Mythologie war Helgi der einzige Krieger, der aus Walhall noch einmal zur Erde zurückkehren konnte. Da Odin ihn außerordentlich schätzte, erlaubte er ihm die Rückkehr damit er noch eine Nacht mit der von ihm geliebten Sigrun verbringen konnte.

Xanadu

Mehr Name und Klang als Ort und Zeit

Land/Ort	Lage	Größe	Bevölkerung	Wichtigste Stadt	Weitere Orte	Sehenswürdigkeiten
Xanadu	An einer asiatischen Küste	Schlossgarten 256 km² Seitenlänge jeweils 10 Meilen	Trauernde Frau ein Betrachter (Träumer) Kublai Khan Mädchen in Erinnerung	Pleasure dome Lustschloss	Räume der Fantasie, des Träumens und der Dichtung	Fluss, teilweise unterirdisch Gärten und Parks Blühende und nach Weihrauch duftende Bäume

AUTOR

Samuel Taylor Coleridge
englischer Dichter, Philosoph und Übersetzer
* 21.10.1772 Ottery St. Mary, Devon
† 25.7.1834 Highgate, London
mit der 1798 veröffentlichten »Ballade vom alten Seemann« (»The Rime of the Ancient Mariner«) gilt er als der Begründer der englischen Romantik

WERK (AUSWAHL)

Lyrical Ballads, mit William Wordsworth, 1798
Kubla Khan, 1816
Sibylline Leaves, 1817
Poetical Works, 1828

Als der englische Romantiker Samuel Taylor Coleridge 1816 sein bereits 1798 geschriebenes Gedicht »Kubla Khan. A Vision in a Dream« veröffentlichte, war Xanadu als Klang schon da. Immerhin hatten drei Jahrzehnte Orientbegeisterung, die sich nach 1780 vor allem auf Indien und China konzentrierte, bereits dafür gesorgt, dass der klangvolle Name einer chinesischen Provinz nördlich von Peking als exotisch und fantastisch wahrgenommen wurde. Hatte nicht schon Marco Polo im Jahr 1275 von seinem Besuch in der prunkvollen Residenz berichtet? Und auch sonst waren der Orient und seine Wunder nicht nur durch die koloniale Erkundung, sondern ebenso durch die im 18. Jahrhundert auch in England begeistert aufgenommenen »Geschichten aus Tausendundeiner Nacht« in aller Munde. Coleridge selbst hatte die Geschichten schon als Jugendlicher verschlungen, und offensichtlich war ihm allein der Klang der Namen schon fremd und geheimnisvoll genug erschienen.

Wer freilich in den 1980er-Jahren zu den Teenies gehörte, hatte zu Xanadu wohl ebenfalls einen ganz bestimmten Klang im Ohr, und es ist fraglich, ob daneben für Coleridges sehnsuchtsvoll verrätselte Zeilen überhaupt noch Platz war. Schließlich hatte im Jahr 1980 die britisch-australische Popsängerin Olivia Newton-John zusammen mit der Hitfabrik des Electric Light Orchestra den Titelsong zur gleichnamigen Musical-Verfilmung aufgenommen und an die Spitze der Hitparaden gebracht. Ein

Ohrwurm, der auch heute noch im Radio gespielt wird und der sich – früh genug am Tag gehört –, nicht so schnell verliert.

Trotzdem lässt sich eine Verbindung zwischen dem Film, dem Song und Coleridges Gedicht finden, das übrigens auch heute noch zum Lektürekanon englischsprachiger Schulen zählt; immerhin geht es auch darum, einen einmal erfahrenen Traum nicht aufzugeben. Neben einer Liebegeschichte geht es in Film und Musical darum, eine Tanzschule zu gründen. Erwartungsgemäß ist es in den frühen 1980er-Jahren eine Tanzschule für Rollerskates und Disco Dancing. Eine alte Turnhalle erweist sich als besonders gut geeignet und neben der Liebe und der Kunst spielt diese Halle dann im Film eine große Rolle. Kira, eine der griechischen Mythologie für kurze Zeit entflohene Muse, zugleich auch die Traumfrau des Helden, des jungen Künstlers Sonny Malone, macht den Vorschlag, die glücklich gefundene Turnhalle im Rückgriff auf die in Coleridges Gedicht beschriebene Residenz des Kublai Khan »Xanadu« zu nennen. Schließlich wird die Eröffnung mit einer glamourösen Pop- und Rollschuh-Show gefeiert. Das hätte sich, obwohl er sich ja mit verschiedenen Traumvisionen beschäftigte, Coleridge vielleicht nicht träumen lassen.

Ein Sommergarten im Osten

Einen ersten Eindruck von der Pracht und dem Glanz der historischen, nördlich von Peking gelegenen Stadt Xanadu – in anderen Schreibweisen auch Ciandu und Giandu – erhält man bereits bei Marco Polo, der unter Ciandu im 75. Kapitel seines Reiseberichts »einen Prachtbau aus Marmor und Stein« schildert. »Säle und Zimmer sind vergoldet. (…) Eine etwa 26 Meilen lange Mauer umgrenzt ein Gebiet, das reich ist an Quellen, Bächen und Wiesen. Hier hält der Großkhan Tiere aller Art: Hirsche, Damhirsche und Rehe zur Fütterung der Nord- und Tatarenfalken in den Käfigen.« Auch von einem Palast berichtet der Reisende, der ganz aus Bambus gebaut ist, mit vergoldeten Zimmerdecken und Wänden, die mit Tier- und Vogelmotiven verziert sind.

Während aber der praktisch denkende Marco Polo, immerhin war er ein Kaufmann auf Geschäftsreisen, im Anschluss an diese Schilderung dazu übergeht, die Bambusbauweise zu erklären, berichtet Coleridge, dass ihn seine Vision von Xanadu in einem Heilschlaf überkommen habe. Sein Gedicht, so teilte er es seinem Publikum 1816 mit, sei mehr oder weniger ganz von seinem Unterbewusstsein oder aber anderen in ihm wirkenden Kräften geschaffen worden, für die Romantiker ein Hinweis auf die Freiheit und Existenz der von ihnen geschätzten Einbildungskraft. Immerhin stand auch hier der Klang einer vor dem Einschlafen gelesenen Textzeile am Beginn der

Film
Obwohl Superstar Gene Kelly mitspielte, floppte der Film »Xanadu« sowohl kommerziell als auch bei der Kritik. Der Soundtrack zum Film, zum großen Teil von Jeff Lynne, dem damaligen Kopf des Electric Light Orchestra, komponiert, verkaufte sich dagegen außerordentlich gut.

Vision, von der Coleridge aber nur noch Bruchstücke retten konnte, da er zwischen Aufwachen und Niederschrift des Textes noch abgelenkt worden war.

Auch sein Xanadu ist der Sitz eines von Kublai Khan geschaffenen Schlosses mit einem Park, dessen Seiten jeweils 10 Meilen lang sind und dessen Ausstrahlung von fruchtbaren Feldern, gewundenen Bächen und blühenden, nach Weihrauch duftenden Bäumen, Wiesen und Wäldern mit grünen Lichtungen bestimmt wird. Der Park liegt an einem Hügel, das Schloss in seiner Mitte. Im Zentrum dieser Landschaft aber liegt Aleph, ein heiliger, weitgehend unterirdischer Fluss, der zunächst einem sprudelnden, in den Bergen gelegenen Quell entspringt, um dann etwa fünf Meilen unterhalb in einer unterirdischen Höhlenlandschaft zu verschwinden und von dort aus einem ebenso sonnen- wie leblosen Ozean zuzufließen. Übrig bleiben nur noch Klänge und Töne, ein Tosen, aus dem der lauschende Kaiser das Wort »Krieg« vernimmt, während vom Schloss nur noch der Schatten auf den Wassermassen liegt. Der Strom der Zeit, des Lebens, auch des Bewusstseins, der alles Vorhandene in Empfindungen auflöst und mit sich nimmt. Von einer um ihren Liebsten trauernden Frau an der Quelle des heiligen Flusses war zuvor schon die Rede gewesen. Ganz ist der Garten im Osten damit aus der wirklichen, historischen Welt in die Sphären der Fantasie und der Empfindungen übergegangen und findet hier einen neuen Platz.

Wilfried Steiner
Der österreichische Schriftsteller veröffentlichte 2003 den Roman »Der Weg nach Xanadu«. Darin verbindet er eine zeitgenössische Dreiecksliebesgeschichte mit dem Leben Coleridges und der Suche nach dem Reich der Fantasie: Xanadu.

»Die Welt ist Klang«

Für Coleridge wie auch für andere Romantiker war die Welt ein Klangraum. Musik und Töne, auch Namen, waren eine Möglichkeit, sich die Welt mithilfe der Einbildungskraft zu erschließen. Nicht umsonst hat Coleridge einen bis heute in den Geisteswissenschaften wichtigen Text über Fantasie und Einbildungskraft geschrieben, und er war ein Verehrer, auch Übersetzter des leider weiterhin vor allem ungelesenen großen deutschen Dichters Jean Paul. Am Ende seines Gedichts, das den Fluss und den Park in Xanadu vor allem schildert, um die Stärken und auch die Grenzen der Einbildungskraft zu zeigen, steht die Erinnerung an eine weitere Vision: das Bild eines singenden Mädchens aus Äthiopien.

Wer in der Lage wäre, so soll dieses Schlussbild wohl verstanden werden, diesen Gesang wiederzubeleben, der könnte mithilfe des poetischen Vermögens seiner Einbildungskraft auch jenes sagenhafte Lustschloss wiedererstehen lassen, in gewissem Sinn sogar gerade in diesem Vorgang einen Hinweis darauf finden, dass das Träumen vom Paradies auch auf seine Existenz verweist.

Orson Wells
In seinem berühmtem Film »Citizen Cane« (1941) heißt das palastartige Anwesen des im Film porträtierten Medienmoguls Charles Forster Kane nach dem Vorbild von Coleridges Gedicht »Xanadu«.

Xanadu
Reich des Kublai Khan
Reiseroute Marco Polos
Xanadu
Aleph
Unterirdischer Ozean
Xanadu, Innenaufnahme (Detail)
Xanadu, Querschnitt der Bodenschichten
Abora
Aleph
Unterirdischer Ozean

Zauberberg
Wo das »Grandhotel Abgrund« steht

Land/Ort	Lage	Größe	Bevölkerung	Wichtigster Ort	Weitere Orte	Sehenswürdigkeiten
Zauberberg Sanatorium Berghof	Im Hochgebirge, in der Nähe von Davos 1556 m hoch gelegen	Wie Davos etwa 11000 Einwohner auf einer Fläche von rund 280 km²	Gäste und Patienten Küchenpersonal Pflegebedienstete Anstaltsleiter Hofrat Dr. Behrens	Speisesaal	Balkone und Terrassen Röntgenzimmer	Röntgenbilder und Bergaussichten Mme. Chauchats »Crayon«

Autor
Thomas Mann
deutscher Schriftsteller,
Nobelpreis 1929
* 6.6.1875 Lübeck
† 12.8.1955 Zürich
hat mit seinen Romanen eine Art Bilanz des Bürgertums in Deutschland beschrieben, das neben Aufstieg und Verfall auch humoristische und ironische Seiten zeigt

Bis zur Mitte des 20. Jahrhunderts galt Tuberkulose nicht nur als Krankheit der Armen, sondern auch als unheilbar. Freilich blieb sie, schon aufgrund der gesellschaftlichen Berührungspunkte zwischen den Schichten und verstärkt noch durch die mit Verstädterung und sozialer Mobilität wachsenden Ansteckungsmöglichkeiten, nicht auf die unteren Schichten der Gesellschaft beschränkt. An Tuberkulose Erkrankte, so viel wusste man auch schon vor der Entdeckung des Tuberkuloseerregers durch Robert Koch im Jahr 1882, bedurften langfristig gesunder Ernährung und frischer Luft sowie einer Freistellung von Arbeit und andern Verpflichtungen des Alltags. Dass sich die Angehörigen der besser gestellten Gesellschaftsschichten, wenn sie denn von dieser mehr oder weniger unaufhaltsam zum Tode führenden Krankheit befallen waren, solche Vergünstigungen eher leisten konnten als die anderen, liegt auf der Hand.

1855 wurde im damals deutschen Niederschlesien das erste Sanatorium eröffnet. Weitere folgten rasch, wobei man sich zur Sicherung des Bedürfnisses nach frischer Luft, die in Zeiten intensiver Entwicklung der Schwerindustrie in den städtischen Ballungsräumen kaum noch zu haben war, mehr und mehr dem Gebirge zuwandte. Alpentourismus und das ebenfalls neue Interesse an Sport als Freizeit- und Gesundheitsfaktor spielten bei der Wahl des Standortes ebenso eine Rolle wie die um 1900 europaweit neu entfachte Begeisterung für die Berge, ihre Bewohner und die dort verorteten Volkskulturen. In der Schweizer Bergwelt waren es unter anderem Orte wie Davos, Sas Fee oder Zermatt, die vor allem von den Bessergestellten ganz Europas als Behandlungs- und Kurort geschätzt und frequentiert wurden. Thomas Mann besuchte seine an Tuberkulose erkrankte Frau Katia im Jahr 1912 in einem Lungensanatorium in Davos und fasste dort den Entschluss, dieses Erlebnis in einer Novelle zu verarbeiten, die zunächst eine Art humoristisches Gegenstück zu dem im selben Jahr erschienenen Roman »Tod in Venedig« werden sollte. Nicht zuletzt unterbrochen durch die Ereignisse und Folgen des Ersten Weltkriegs wurde daraus dann in nahezu zehnjähriger Arbeitszeit der Roman »Der Zauberberg«.

Grandhotel und Hades

Auch einen Aufenthalt auf dem »Berghof« hätten sich zu dieser Zeit nur die Wenigsten leisten können. Der »Berghof« ist im Roman das Sanatorium des Dr. Jessen, in dem Thomas Manns Frau behandelt worden war. Mann hat das Sanatorium und ihren Leiter so getreu nachgestaltet, dass dieser zeitweise eine Klage wegen Verunglimpfung erwog. Zwar treten im Kosmos der Sanatoriumsbewohner Vertreter verschiedener Schichten auf, echter Adel und zwielichtige Gestalten, ärmere Menschen, Flüchtlinge und Abenteurer, auch außerordentlich wohlhabende Selfmade-Männer wie Mynher Peeperkorn, insgesamt handelt es sich aber doch um jenen Ausschnitt aus den europäischen Gesellschaften des 19. Jahrhunderts, in dem das wohlhabende Bürgertum, also Besitz gekoppelt an mehr oder weniger Bildung, dominierte. Entsprechend großzügig muss auch das Hotel vorgestellt werden. Allerdings zeigten sich Geschäftsinteressen und Geldgier im weiteren Fortgang der geschilderten Ereignisse und Jahre immer stärker, sodass Prunk und Luxus des 19. Jahrhunderts im ersten Jahrzehnt des 20. Jahrhunderts schon merklich abgenutzt in Erscheinung treten.

Wie in der einigermaßen detailgenauen Verfilmung des Romans von 1981 oder auch auf manchen Buchumschlägen zu sehen, handelte es sich bei dem Sanatorium »Berghof« um einen großen Hotelkomplex, der mit der Rückseite an die ansteigenden Alpen angelehnt ist. Mit seinem breit angelegten Grundriss, seinen vier oder fünf Etagen und den an ihnen entlang laufenden Balkonreihen erinnert er an einen der großen Überseedampfer, wie sie ebenfalls seit der zweiten Hälfte des 19. Jahrhunderts die Weltmeere befuhren. Auch sie können, wie dies Federico Fellini in seinem Film »E la nave va« [»Fellinis Schiff der Träume«] von 1983 gezeigt hat, als Metaphern für jene bürgerlichen Gesellschaften Europas gelten, die mit dem Eintritt in den Krieg 1914 dann untergegangen sind. Auch Fellinis Film spielt in eben jenen Jahren vor

Werk (Auswahl)
Buddenbrooks. Verfall einer Familie, 1901
Tod in Venedig, 1912
Der Zauberberg, 1924
Mario und der Zauberer, 1930
Joseph und seine Brüder, 4 Bände, 1933–1943
Doktor Faustus, 1947
Bekenntnisse des Hochstaplers Felix Krull,1954
Verfilmungen
Die Buddenbrooks (Regie: Gerhard Lamprecht, 1923)
Bekenntnisse des Hochstaplers Felix Krull (Regie: Kurt Hoffmann, 1957)
Tod in Venedig (Regie: Luchino Visconti, 1971)
Der Zauberberg (Regie: Hans W. Geißendörfer, 1981)
Mario und der Zauberer (Regie: Klaus Maria Brandauer, 1994)

dem Ersten Weltkrieg, von denen auch der »Zauberberg« erzählt. Vor dem Sanatorium befinden sich Terrassen und parkähnlich angelegte Gartenanlagen, zum Sitzen, Plaudern oder Kaffeetrinken im Freien einladend. Zur Seite und nach hinten schließen sich einige Anbauten mit Wirtschaftsräumen für Versorgung und Pflege an. Im Stil der Jahrhundertwende ausgestattet, also mit viel Plüsch und teils biedermeierlich, teils mit Jugendstilelementen versetzt, zeigt sich das Innere der Hotelanlage. Im Haupthaus befindet sich neben den Gästezimmern und den verschiedenen Aufenthaltsräumen mit dem Speisesaal ein zentraler Ort der Begegnung. Auch hier gehen Glanz, Glitzer und Abnutzung mitunter unmerklich ineinander über.

Allerdings handelt es sich ja nur dem ersten Anschein nach tatsächlich um ein Hotel, denn viele Gäste verlassen das Gebäude auf der Totenbahre. Und wer es lebend verlässt, kommt nicht selten – wie Castorps Vetter Joachim Ziemßen – nur zum Sterben noch einmal zurück. Dies allerdings zeichnet sich im Erscheinungsbild des Hauses weitgehend nur in den Keller- und Nebenräumen ab. So bleiben die Krankenstation, der Röntgenraum, die Räume für ärztliche Praxis, der Platz für die vorläufige Aufbewahrung der Leichen und deren Abtransport, also die Örtlichkeiten, die die eigentliche Funktion der Anlage offenbaren, entsprechend versteckt. Der Tod und das Sterben, auch dies gehört zur Hausordnung, sollen nicht auffallen. Und natürlich bemühen sich auch die Gäste des Hauses, sich selbst und die anderen so wenig wie möglich daran zu erinnern, dass bereits im Eingangsbereich die Welt der Todgeweihten beginnt. Der besondere, zum Teil nostalgische Glanz, der von diesem Grandhotel ausgeht, erhält seine eigentümliche Tönung dadurch, dass es sich am Rande des Hades, des Totenlandes der griechischen Mythologie, befindet, zeitweise sogar als der Hades selbst erscheinen muss.

Zu Besuch im Zauberberg

Davos
Da die Stadt Davos im »Zauberberg« angeblich schlecht weggekommen war, beauftragte der Verkehrsverein des Ortes 1936 Erich Kästner, einem Roman zu schreiben, in dem Davos in einem besseren Licht erscheinen sollte. So entstand Kästners Romanfragment »Der Zauberlehrling« (1936).

Hans Castorp, ein junger Schiffbauingenieur aus Hamburg, kommt, nachdem er gerade sein Studium abgeschlossen hat, zunächst nur für geplante drei Wochen zu Besuch in die Schweizer Berge, um dort seinen kranken Vetter zu sehen. Freilich wird er für sieben Jahre bleiben und im Unterschied zu seinem Verwandten das Sanatorium auch lebend wieder verlassen, bevor ihn dann am Ende des Romans der Leser auf den Schlachtfeldern des beginnenden Ersten Weltkriegs aus den Augen verliert. Mit dem neugierigen Interesse des Unbetroffenen nimmt Castorp zunächst die Erscheinungen der Patienten, ihren Zustand als Kranke und auch ihr sonstiges Verhaltensrepertoire zur Kenntnis. Verschiedene Gesprächspartner, aber auch die erotische Anziehung der aus Russland stammenden Madame Chauchat, verleiten ihn aber, doch länger als die

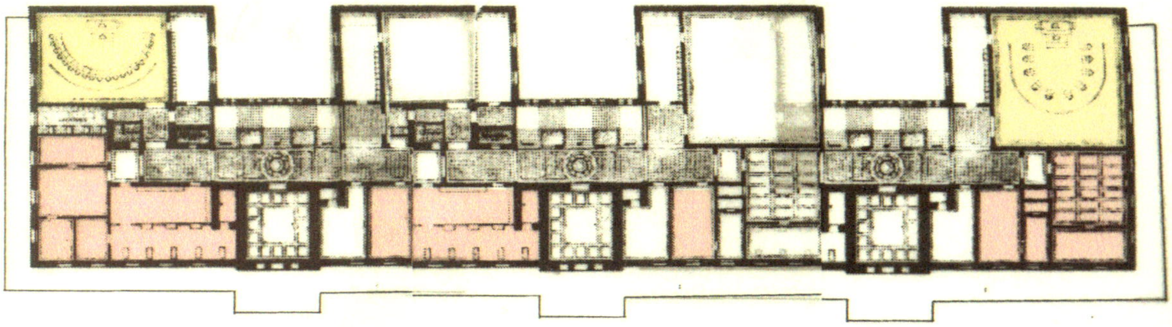

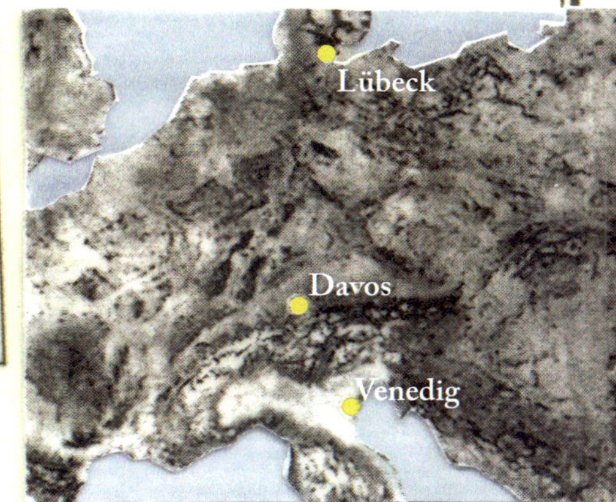

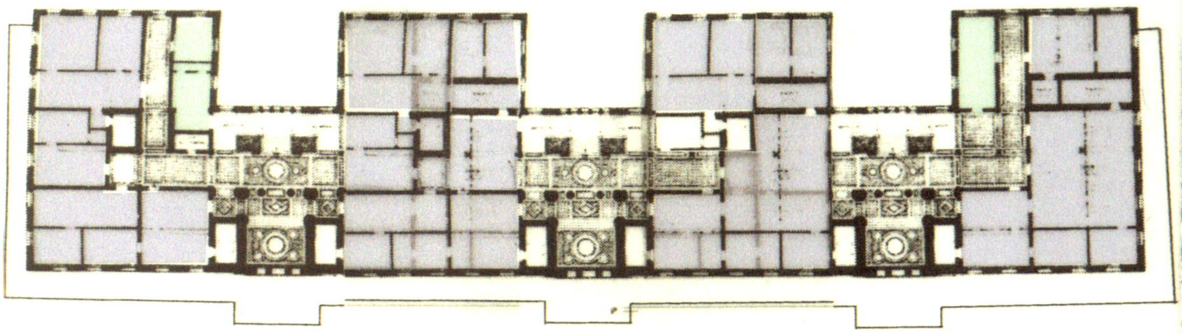

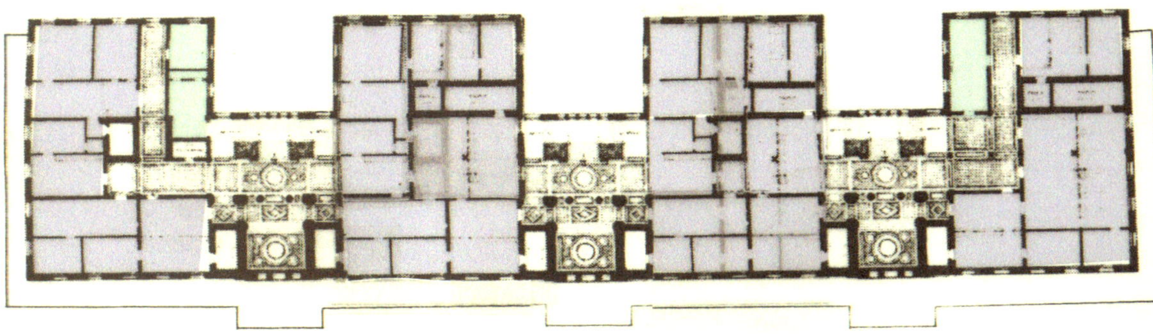

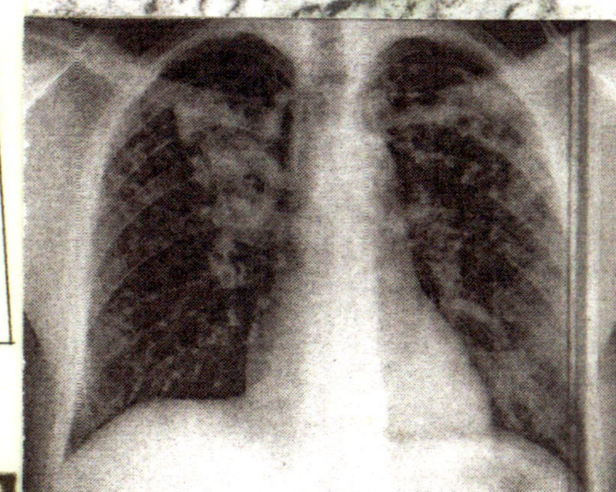

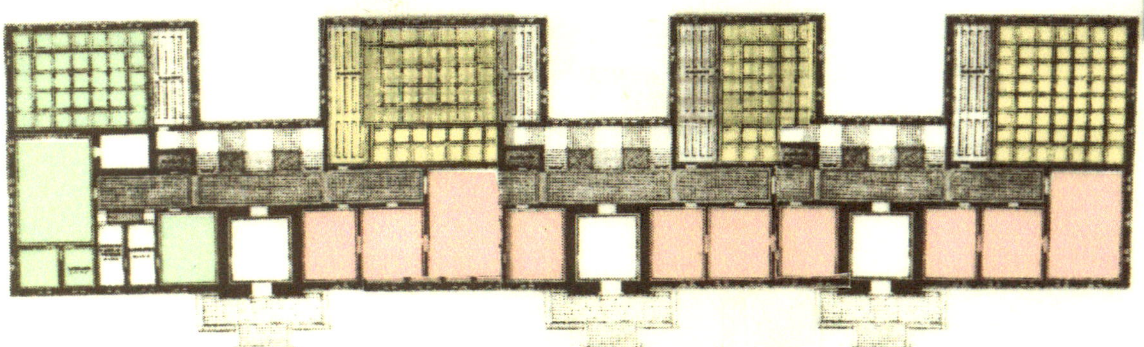

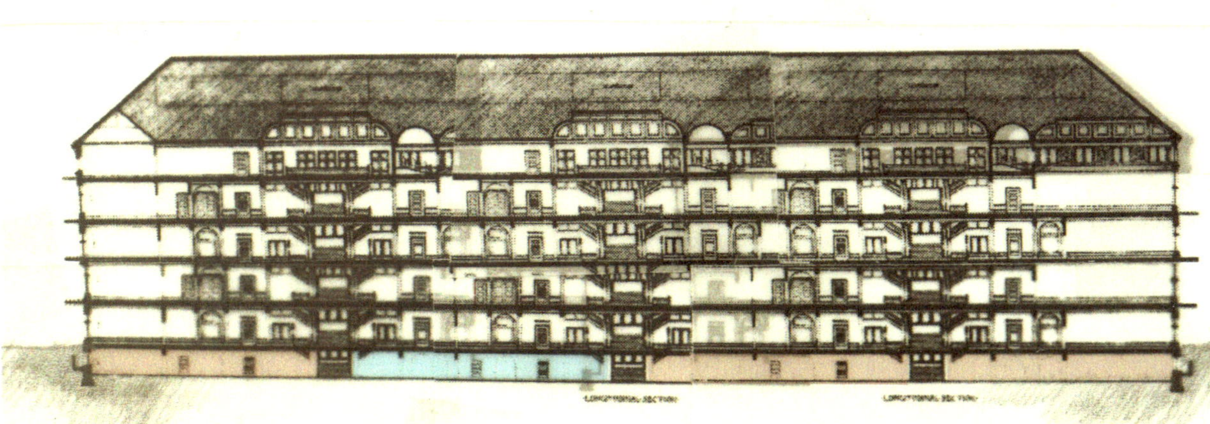

Speisesaal, Gesellschaftsräume

Patientenzimmer

Gästezimmer

Praxis- und Therapieräume

temporäre Aufbewahrung der Verstorbenen

Keller- und Nebenräume

Castorps Leben in Danzig

Der polnische Schriftsteller Paweł Huelle (* 1957) gab dem »Zauberberg« eine Vorgeschichte, indem er in seinem 2004 erschienenen Roman »Castorp« die Studienzeit Hans Castorps schildert, die dieser in Danzig, der Heimatstadt Huelles, verbracht haben soll.

geplanten drei Wochen zu bleiben. Eine kleine Erkältung, die sich später sogar als wirklicher Tuberkulosebefall herausstellt, und nicht zuletzt das Interesse der Klinikleitung an zahlungskräftigen Patienten lassen diesen erst einmal durchaus unerwarteten Wunsch in Erfüllung gehen.

In den folgenden Monaten bis zum Karnevalsfest am 29. Februar 1908, in dessen Verlauf es vermutlich zu der von Castorp ersehnten Liebesbegegnung mit Madame Chauchat kommt, zumindest bittet sie ihn in einer berühmten Szene, das nächtlich ausgeliehene Crayon (einen Bleistift) zurückzubringen, lernt er die unterschiedlichsten Menschen kennen, Repräsentanten der bürgerlichen Gesellschaften Europas in all ihren Facetten. Mehr noch, durch den Kontakt zu dem italienischen Schriftsteller und Aufklärer Settembrini, dann auch zu dessen Kontrahenten Naphta, einem Jesuiten jüdischer Herkunft mit gleichermaßen totalitären wie kommunistischen Vorstellungen, wird Castorp mit allerlei um die Jahrhundertwende vorhandenen wissenschaftlichen und ideologischen Ideen konfrontiert. In seiner Anlage eher durchschnittlich und phlegmatisch, vermag er sich allerdings für keine zu begeistern, sondern verharrt in nachlässig neugieriger Distanz. Erst während eines Schneesturms nimmt er sich ernsthaft vor, dem Tod nicht die Oberhand über das Leben zu gewähren. Aber auch diese Maxime verliert sich wieder, sodass der Roman im Ganzen nicht nur ein Leben im Angesicht des Todes schildert, sondern auch die Macht und die Grenzen von Deutungsversuchen, die das Leben gegenüber dem Tod in einer bestimmten Weise interpretieren oder hervorheben wollen.

Märchen und Mythen, Ernst und Spiel

Ein Star im Film

In der Zauberberg-Verfilmung von 1981 spielte der armenisch-französische Sänger Charles Aznavour den katholisch-jüdischen Jesuiten Naphta, den skrupellosen Vertreter eines totalitär eingerichteten Gottesstaats.

Wenn aber die Kunst schon keine festen Deutungsschemata anbieten kann, so soll sie wenigstens schön und handwerklich gut gearbeitet sein. In diesem Sinne hat Thomas Mann eine Fülle von Bezugsystemen in den Roman und seine Figuren eingebaut, deren Auflösung zumindest die Interpreten freut. Neben dem bereits in älteren Märchen angesprochenen und von den Romantikern wieder aufgenommenen Motiv des Zauberbergs sind es vor allem griechische und andere Mythen, die dazu herangezogen werden, die vieldeutige Anlage des Romans zu gestalten. So kommt der Zahl Sieben eine vielseitige, auch unklare, ja mitunter ironische Rolle zu: Der Roman hat sieben Teile, Castorp bleibt sieben Jahre, nach sieben Monaten verbringt er eine Nacht mit Mme. Chauchat (oder auch nicht), seine Zimmernummer 34 bildet die Quersumme sieben usw. So viele Anspielungen, so viele Möglichkeiten die Kulturgeschichte, aber auch Mythen, Märchen und Theorien bieten, um das Rätsel des Lebens, erst recht des Todes, aufzuschließen, wirklich klären kann es die Literatur allerdings auch nicht.

Register